原口秀昭——著

陳彩華——譯

圖解建築
計畫入門

一次精通建物空間、動線設計、尺寸面積、
都市計畫的基本知識、原理和應用

前言

學生時代受教於建築計畫學大師鈴木成文老師（1927～2010）時，曾在課堂上打瞌睡或翹課。現在回想，覺得自己著實浪費了大好的學習機會。當初只是個覺得「在製圖室畫圖是最輕鬆的！」無可救藥的學生。結果，有系統地全面學習計畫學，是在準備建築師考試的時候。

本書是依據考試和實務的經驗，在內容方面下了很多工夫。根據使用者來決定的尺寸和面積，不管是在住宅、旅館、辦公室等用途，都是建築計畫中基本的基本。做設計時，雖然是隨時查閱資料或型錄，但先記住基本的尺寸、面積、面積比等，是能夠提高設計能力的重要關鍵。因為設計由許多小的尺寸和小的面積所匯集而成的部分相當多，所以本書開頭先論及尺寸和面積。

尺寸部分是囊括生活周遭和人體相關的尺寸，乃至車子和建物整體的大尺寸。建築師考試中經常出現，而且在設計實務裡很重要的輪椅使用者和高齡者相關的尺寸也列為重點，建築的個別種類、不同建物類型的計畫則是放在後面的章節。先記住能馬上應用在設計上的重要尺寸和面積吧。

在計畫學的教科書裡，與建築設計沒有直接關聯的尺寸和類型等的抽象說明相當多，所以多少讓人覺得難以理解實際應用在建築何處。因此，書中列舉出與計畫的重要事項相關的巨匠之作，包括柯比意（Le Corbusier）、密斯（Ludwig Mies van der Rohe）、路康（Louis Isadore Kahn）等大師。介紹傑出的建築計畫實務作品，是考量到這些作品應該能吸引喜歡設計領域的讀者。

只有建築圖面的話，內容會很無聊，所以書中盡可能加入漫畫。筆者認為建築書無趣的最大原因，就是因為裡面沒有人物角色。這些內容原本是在部落格（http://plaza.rakuten.co.jp/mikao/）中寫作的，每天一頁，能讓學生閱讀的程度。如果沒有漫畫，學生根本連看都不看。後來將這些原稿整理修正集結成書，成為「圖解入門」系列書籍，本書是系列的第 13 本。因為漫畫易懂，所以本系列有多本書在中國、台灣和韓國翻譯出版。

本書的章節結構是從各種尺寸、各種面積、面積比開始，接著是不同機能的計畫，再到都市計畫等，由小到大來進行。書中所列問題是日本一級、二級建築師的考題，以及用以補充說明的基本問題。

閱讀本書就能自學建築計畫，同時準備日本建築師檢定考試。每一頁只需 3 分鐘，像拳擊賽的 1R（round）能閱讀的分量。書末彙整重要項目，只要反覆複習最後單元，就能提升基礎能力。

持續鼓勵我創作圖畫豐富且含括所有建築領域書籍的人，是大學時代的恩師，已故的鈴木博之先生。筆者的書桌前貼有鈴木老師寄來的明信片。能夠持續進行需要毅力又辛苦的工作至今，鈴木老師的鼓勵是最主要的原因。今後仍會繼續寫作，希望能為讀者的學習助一臂之力。

最後在此萬分感謝制定企畫的中神和彥先生、負責編輯作業的彰國社編輯部尾關惠小姐，以及提出指教的諸多專家、專業書籍和網站的作者、部落格的讀者、幫我一起想諧音並提出許多基本題目的學生，還有始終支持這個系列書籍的所有讀者。真的非常謝謝大家。

2016 年 4 月

原口秀昭

柯比意的LC2沙發單椅
(LC2 Grand Confort)
和LC4躺椅
(LC4 Chaise Longue)

日本的建築基準法、無障礙空間法（為了促進高齡者和身障者等人士行動方便性的法律）、因應長壽社會的住宅設計方針、各縣市的條例等，標示了各種尺寸。這類尺寸多少有誤差且因人而異，本書是以日本建築師檢定考古題的數字為準。長度幾乎統一為cm。設計實務是用mm，但要大略記住建築計畫的數字，cm比較方便記憶。建築師的考題也很少問到單位cm的小數點以下的尺寸。

目次　　　　　　　　　　　　　　CONTENTS

圖解建築
計畫入門

Q 固定式椅子和桌子的高度，分別設為40cm、70cm。

....

A <u>椅子的座面和桌子的標準高</u>
<u>度，約為40cm、70cm，兩</u>
<u>者之差是30cm</u>。大約30cm
的高度差，不管工作或用餐
皆可（答案為○）。

酒吧等的吧檯桌面高度是
100cm時，椅子的高度是
100cm－30cm＝70cm。

此時腳無法接觸到地面，為
了不讓腳晃來晃去，在高度
30cm（70cm－40cm）處設
腳踏板，與椅子座面的高度
差為40cm。只要記住基本的
40cm、70cm，以及兩者差
值30cm，也能應用到較高的
吧檯桌。

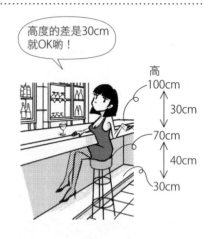

高度的差是30cm
就OK喲！

高
100cm

30cm

70cm

40cm

30cm

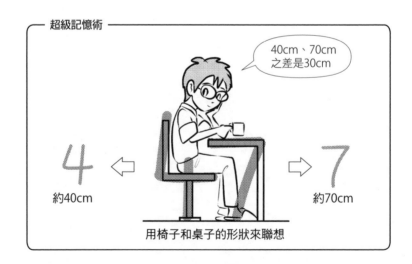

超級記憶術

40cm、70cm
之差是30cm

4 ⬅ 約40cm

7 ➡ 約70cm

用椅子和桌子的形狀來聯想

....

答案 ▶ ○

Q 考量使用輪椅的建築物計畫，西式廁所的馬桶座到地面的高度設為45cm。

A 輪椅座面的高度和一般椅子的高度幾乎相同，多為43cm左右（答案為○）。馬桶座的高度、床的高度和浴缸的高度若能統一，使用者挪移身體比較輕鬆。

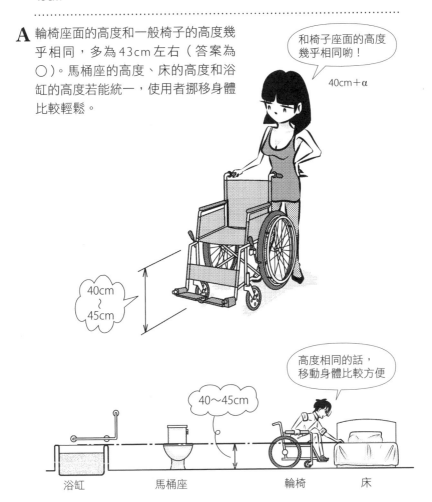

和椅子座面的高度幾乎相同喲！

40cm＋α

40cm～45cm

高度相同的話，移動身體比較方便

40～45cm

浴缸　　　　馬桶座　　　　　　輪椅　　　床

1

尺寸

Q 餐飲店裡站著用餐的吧檯高度，設為距地面100cm。

....

A 站著用餐的吧檯高約 <u>1m</u>（答案為○）。酒吧的吧檯通常是做成站著
喝酒的高度。站立式吧檯的椅子也比一般的椅子高（參見R001）。
旅館的<u>櫃檯</u>也是 1m左右。

鏡子

站著喝酒是
1m喲！

較高的椅子

坐下時用的
腳踏板

約1m

80～100cm

美國酒吧（American Bar，1907年，
維也納，阿道夫・路斯〔Adolf Loos〕）

....

答案 ▶ ○

Q 酒吧裡吧檯內的地面高度，計畫為比客人座位的地面低。

A 店員站著作業時的視線，和坐著的客人視線高度相同或比客人低。
為了讓客人的視線較高，吧檯內的地面會比吧檯外低10～20cm
（答案為○）。

Q 廚房流理臺的高度是85cm左右。

....

A <u>廚房流理臺的高度以85cm</u>為中心，多為80cm、90cm等現成品（答案為○）。較矮小的人使用時，可以去掉80cm規格產品的框緣來調整高度。流理臺的縱深約65cm。如果縱深超過75cm，瓦斯爐的內側就有放置鍋子的空間，非常方便。

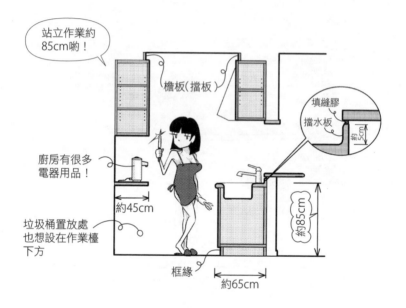

站立作業約85cm喲！

檐板(擋板)

填縫膠

擋水板

約5cm

廚房有很多電器用品！

約45cm

垃圾桶置放處也想設在作業檯下方

框緣

約85cm

約65cm

....

答案 ▶ ○

Q 1. 洗臉化妝臺的高度設為75cm。
2. 洗臉化妝臺的洗臉槽之間的間距設為75cm。

A <u>洗臉化妝臺的高度，以及洗臉槽之間的間距，都是約75cm</u>（**1**、**2**為○）。高度稍高於桌子，但比廚房流理臺略低。

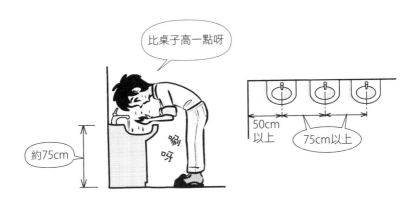

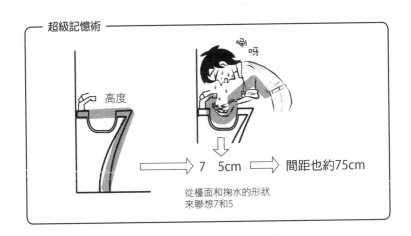

Q 考量輪椅使用者的建築物計畫：

　1. 廚房吧檯的高度設為90cm。

　2. 廚房吧檯下方為了方便膝蓋進入，設高50cm、縱深30cm的淨空空間。

A 高度90cm是站立作業用的吧檯高度。一般廚房吧檯（流理臺、調理臺）的高度大約85cm（80～90cm左右），但坐在輪椅上使用時，桌面高度設定為約70cm（**1**為×）。流理臺的部分，為了讓膝蓋不會撞到水槽，設為約75cm。膝蓋進入的空間，設為高約60cm、縱深約45cm（**2**為×）。也有站立或坐著都能作業，可電動上下移動的廚房吧檯。

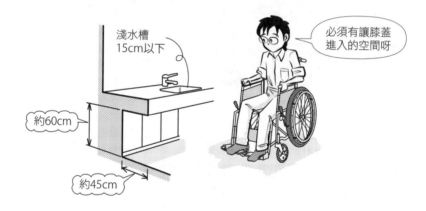

淺水槽
15cm以下

必須有讓膝蓋進入的空間呀

約60cm

約45cm

超級記憶術

膝蓋進入的空間
高約60cm、
深約45cm呀

約60cm

從膝下車輪的
形狀來聯想

答案 ▶ **1.** ×　　**2.** ×

Q 輪椅使用者所用的廚房類型設為L型。

A 如果是一般的I型廚房，要橫向移動輪椅時，得先回轉再前進。輪椅使用者所用的廚房，重點是要能回轉移動，才便於使用。因此，配置L型或U型的廚房為佳（答案為○）。

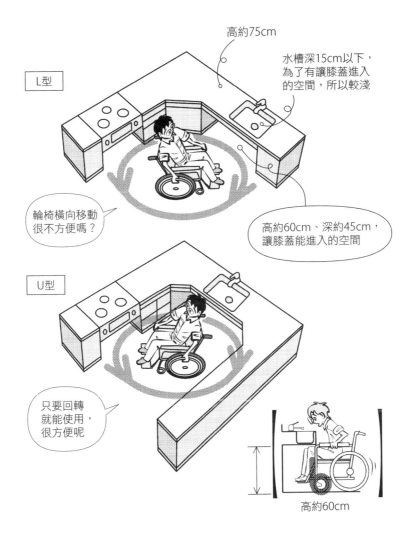

高約75cm

水槽深15cm以下，為了有讓膝蓋進入的空間，所以較淺

L型

輪椅橫向移動很不方便嗎？

高約60cm、深約45cm，讓膝蓋能進入的空間

U型

只要回轉就能使用，很方便呢

高約60cm

答案 ▶ ○

Q 輪椅使用者所用的廚房，固定在流理臺上部的餐具收納櫃上緣高度，設為距輪椅座面120cm。

....

A 裝置在流理臺上部的收納櫃高度和外緣尺寸，讓設計師非常苦惱。如果設計成伸手可及、外突部位較大，較高的人容易撞到頭。若收納櫃下緣至地面的高度是130cm，外突部位多於35cm，會影響作業。

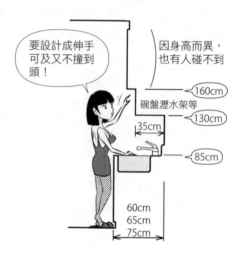

要設計成伸手可及又不撞到頭！

因身高而異，也有人碰不到

160cm

碗盤瀝水架等

130cm

35cm

85cm

60cm
65cm
75cm

輪椅使用者能用的收納櫃上緣高度，大約是150cm。不過，輪椅的扶手會頂到流理臺，身體不太能再往前，盡可能不做上層收納櫃比較方便。若收納櫃上緣高度是150cm，輪椅座面的高度為45cm，兩者的差為105cm（答案為×）。

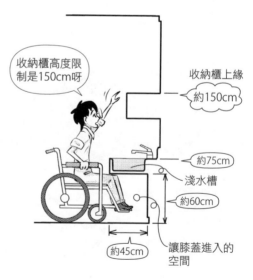

收納櫃高度限制是150cm呀

收納櫃上緣

約150cm

約75cm

淺水槽

約60cm

約45cm

讓膝蓋進入的空間

....

答案 ▶ ×

Q 輪椅使用者所用的插座和開關：
　1. 牆上開關的高度，設為距地面 140cm。
　2. 牆上插座的高度，設為距地面 40cm。

A 為了在輪椅上仍伸手可及，開關設得比較低，插座則設得比一般位
　置高。即使是沒有使用輪椅的高齡者，為了減少拔插頭時蹲下的動
　作，把插座設在稍高的位置。<u>開關是在 100～110cm 左右</u>，約為坐
　在輪椅上的眼睛高度，<u>插座是在 40cm 左右</u>的高度（**1** 為 ×，**2** 為
　○）。為了避免腳被插頭絆到而跌倒，也可使用磁鐵式插座。

1

尺
寸

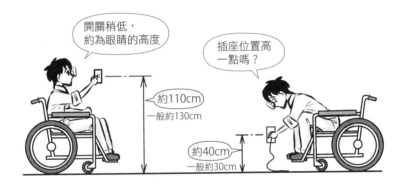

開關稍低，
約為眼睛的高度

插座位置高
一點嗎？

約110cm
一般約130cm

約40cm
一般約30cm

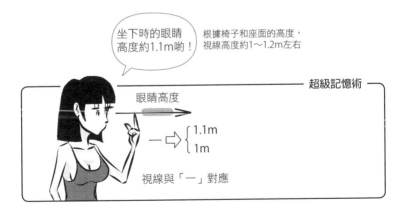

坐下時的眼睛
高度約1.1m喲！

根據椅子和座面的高度，
視線高度約1～1.2m左右

──── 超級記憶術 ────

眼睛高度

─➡ { 1.1m
　　　 1m

視線與「一」對應

Q 固定式長椅的座面設為高度40cm、縱深45cm。

....

A 椅子座面的高度<u>約40cm</u>、縱深<u>約45cm</u>左右（答案為○）。因為坐下時膝蓋到身軀之間的長度<u>約45cm</u>，所以是配合身體的形狀。45cm也適用於R007中讓膝蓋進入的空間。

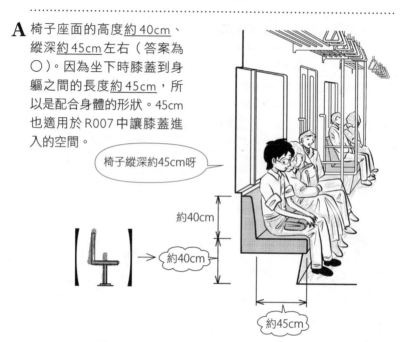

椅子縱深約45cm呀

約40cm

約40cm

約45cm

....

答案 ▶ ○

Q 固定式長椅的每人座位寬度設為45cm。

....

A 座面寬度<u>約45cm</u>（答案為○）。日本新幹線普通車的座椅寬度約 45cm，綠色車廂（商務車廂）則約50cm。<u>45cm的正方形構成椅子 平面</u>；高度略低於45cm，40cm左右坐起來較舒適。

綠色車廂大約有 50cm寬呢！

討厭吶 普通車

新幹線　普通車

約45cm　約45cm　約45cm

Q 根據日本工業規格，手動輪椅、電動輪椅的長度是120cm以下。

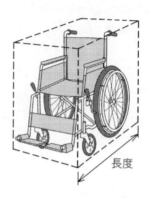

長度

....

A JIS（日本工業規格）和ISO（國際標準化組織）都規定（電動）輪椅的長度為120cm以下（答案為○）。實際的產品約110cm。輪椅的長度和玄關土間（脫鞋放鞋處）縱深、輪椅升降平臺縱深及電梯（法定名稱為「升降機」）縱深等有關。先記住輪椅的長度是120cm以下吧。

....

答案 ▶ ○

Q 根據日本工業規格，手動輪椅、電動輪椅的寬度是70cm以下，高度是109cm以下。

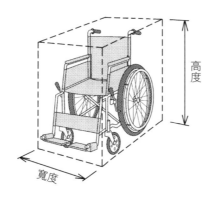

高度

寬度

1

尺寸

A <u>輪椅的寬度70cm以下、高度109cm以下</u>，這是規定的數值（答案為○）。相較於照護型輪椅，手動輪椅多了手扶圈（hand rim：用手回轉的輪框），寬度較寬，但仍多為60cm左右的產品。筆者的母親坐輪椅生活，要通過門或較窄的走廊時，都得注意不要撞到手肘。

答案 ▶ ○

Q 考量輪椅使用者的建築物計畫：
　　1. 出入口的有效寬度設為70cm。
　　2. 門底部裝設踢腳板。

....

A 輪椅的寬度規定為70cm以下。以此為基準，<u>出入口的有效寬度須為80cm以上</u>（**1**為×）。進一步考量手的晃動和手肘，理想的寬度是<u>90cm以上</u>。

為了避免腳踏板撞到門造成損傷，可以考慮在門底部裝設<u>踢腳板</u>（**2**為○）。

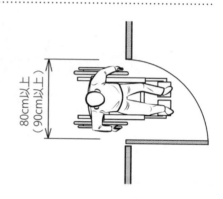

80cm以上
（90cm以上）

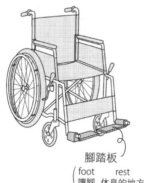

腳踏板
(foot　rest
讓腳　休息的地方)

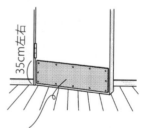

35cm左右

踢腳板：約1mm厚的不鏽鋼板
(kick　plate
踢的　板子) 或黃銅板
如果是塗裝的鐵板，
塗裝很快就會剝落

● 筆者的母親居住的高齡者專用出租住宅出入口，有效寬度是77cm，很窄，所以輪椅進出時，照護者得小心避免撞到手肘。

┌─ 超級記憶術 ─────────────────────┐
│   │
│　　入 口 ⇨ 入 口 ⇨ 八○ ⇨ 80cm以上　│
│   │
│　　　　從「入口」的字形來聯想八○　　　　　│
└──────────────────────────────┘

答案 ▶ **1.** ✕　**2.** ○

Q 1輛輪椅能通過的走廊寬度設為90cm。

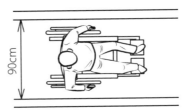

A 輪椅的寬度是70cm以下（實際的產品是60cm左右），＋10cm，等於80cm以上就是能通過門或走廊的最小尺寸。加上考量到手的晃動和手肘碰撞的問題，＋10cm，等於90cm以上就是恰當的尺寸（答案為○）。

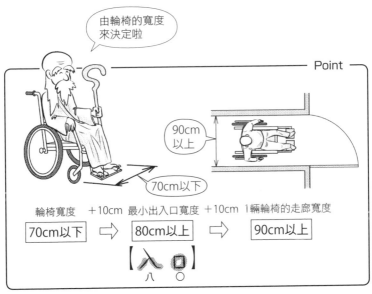

由輪椅的寬度來決定啦

Point

90cm以上

70cm以下

輪椅寬度　＋10cm　最小出入口寬度　＋10cm　1輛輪椅的走廊寬度

70cm以下 ⇨ 80cm以上 ⇨ 90cm以上

【入口】

【　】內是超級記憶術

Q 考量腋下拐杖使用者，走廊寬度設為120cm。

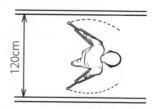

....

A 使用腋下拐杖時，從肩寬斜向外側的部分會加大寬度。不像輪椅有固定的寬度，使用拐杖的擺幅也較大，所以需要比1輛輪椅所設的走廊寬度更寬，是90～120cm（答案為○）。

拐杖底部往外側的寬度很大嗎？

比輪椅還寬

　　　　　　　　　　走廊寬度
{ 輪椅1輛　　　　……約90cm
  腋下拐杖使用者1人……約120cm

90～120cm

┌─ 超級記憶術 ─────────────────────────

　松葉杖 ⇒ 松 ⇒ 12 ⇒ 12
　　　　　　　　　　　　　　　　　　　約120cm

　　從「松」的字形來聯想「12」（「腋下拐杖」的日文為「松葉杖」）

....

答案 ▶ ○

Q 考量 2 輛輪椅交錯而過的情況，走廊的有效寬度設為 130cm。

A 輪椅 1 輛的走廊寬度是 90cm 以上，2 輛時就需要 2 倍寬，也就是 180cm 以上（答案為 ×）。輪椅寬度是 70cm 以下，最小出入口寬度 是 80cm，再次回想複習吧。

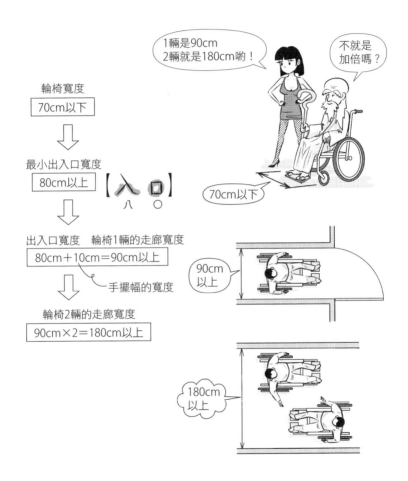

輪椅寬度
70cm 以下

↓

最小出入口寬度
80cm 以上

↓

出入口寬度　輪椅 1 輛的走廊寬度
80cm＋10cm＝90cm 以上

↓ 手擺幅的寬度

輪椅 2 輛的走廊寬度
90cm×2＝180cm 以上

1輛是90cm
2輛就是180cm喲！

不就是
加倍嗎？

70cm 以下

90cm
以上

180cm
以上

1

尺寸

【　】內是超級記憶術

答案 ▶ ×

Q 手動輪椅用雙輪回轉一圈所需的直徑是120cm以上，用單輪回轉一圈所需的直徑是180cm以上。

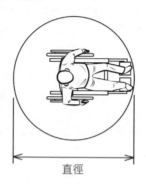

直徑

....

A <u>用雙輪回轉所需的直徑是150cm以上，用單輪回轉所需的直徑是210cm以上</u>（答案為×）。多功能廁所（身障廁所）的大小，規定內部必須能容納150cm的圓回轉。

....

Q 輪椅能180°回轉的走廊寬度是140cm以上。

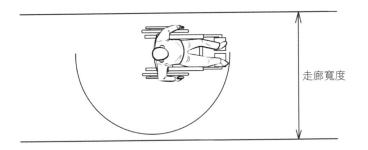

走廊寬度

A 回轉360°的話，用雙輪時需要直徑150cm以上，但180°回轉只畫出半圓，約140cm的較小直徑即可（答案為○）。140cm的走廊寬度對現實中的住宅來說是不可能的，只是讓公共設施或福利設施等參考的尺寸。

答案 ▶ ○

Q 多功能廁所的大小設為內部尺寸長度為 200cm×200cm 的正方形。

A 內部尺寸長度是指從牆內面到另一內面的有效區域的長度。如下圖所示，只要有 2m 以上即可（答案為○）。

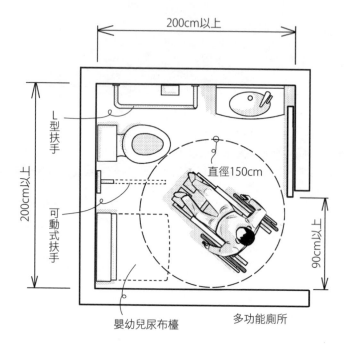

嬰幼兒尿布檯　　　　　多功能廁所

答案 ▶ ○

Q 考量輔助空間，獨棟住宅的廁所內部尺寸設為 140cm×180cm。

....

A 若旁邊要有輔助
空間，<u>有效寬度
是 140cm 以上</u>。
為了避免洗手臺
造成不便，移至
靠近入口處。

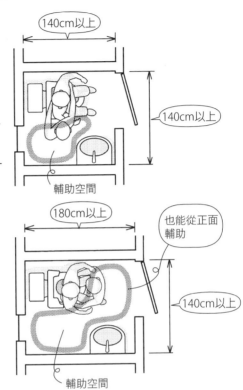

140cm以上

140cm以上

50cm以上

輔助空間

1

尺寸

輔助空間必須有
50cm 以上。

180cm以上

也能從正面
輔助

140cm以上

<u>縱深 180cm 左右</u>
的話，也能從正
面輔助（答案為
○）。

輔助空間

....

答案 ▶ ○

Q 考量輪椅進出，電梯梯廂大小設為正面寬度140cm、縱深120cm。

....

A 輪椅的長度是120cm以下，再加上腳尖突出的部分，縱深120cm是不夠的（答案為×）。<u>縱深須為135cm以上</u>。此外，輪椅使用者搭乘後，要有其他人能搭乘的空間，所以<u>正面寬度須為140cm以上</u>。

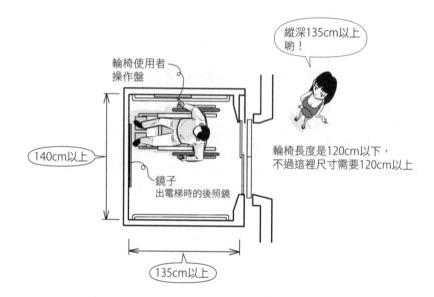

縱深135cm以上唷！

輪椅使用者操作盤

鏡子
出電梯時的後照鏡

140cm以上

135cm以上

輪椅長度是120cm以下，不過這裡尺寸需要120cm以上

....

答案 ▶ ×

Q 1. 考量輪椅回轉，電梯廳的面積設為 180cm×180cm。

　　2. 輪椅使用者所用的電梯操作按鈕，設為距地面 130cm。

A 為了讓輪椅在電梯廳（elevator lobby）回轉，需要有能容納直徑150cm以上的圓的空間（**1**為○）。
操作按鈕要安裝於坐在輪椅上時的眼睛高度，100～110cm的位置（**2**為×）。

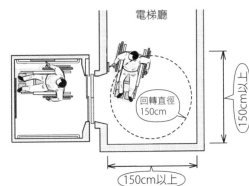

電梯廳

回轉直徑 150cm

150cm以上

150cm以上

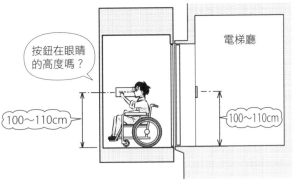

按鈕在眼睛的高度嗎？

100～110cm

電梯廳

100～110cm

對站立的人來説，100cm太低，所以一般會在 120～130cm 的位置裝設其他操作按鈕。

超級記憶術

眼睛高度

1.1m
1m

視線與「一」對應

Q 1. 輪椅用的坡道斜率設為 1/15。
　 2. 步行者用的坡道斜率設為 1/6。

....

A 坡道的斜率，<u>輪椅用須為 1/12 以下且 1/15 以下為佳（**1** 為○），步</u>
<u>行者用是 1/8 以下（**2** 為×）</u>。這裡記住 1/12、1/8 的數字吧。打造
樓層高度 3m 的坡道時，步行者用的坡道長度是 3m×8 ＝ 24m，輪
椅用則需 3m×12 ＝ 36m（扣除平臺）。要讓輪椅一口氣行進一個樓
層的高度，實際上是不可能做到的。

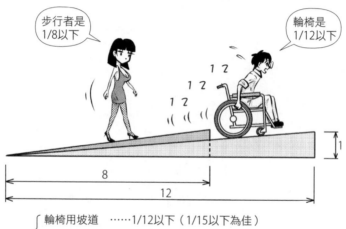

步行者是 1/8 以下

輪椅是 1/12 以下

8
12
1

⎧ 輪椅用坡道 ……1/12 以下（1/15 以下為佳）
⎩ 步行者用坡道……1/8 以下

● 柯比意經常設計坡道，但實際走過薩伏瓦別墅（Villa Savoye，1931 年）和勒‧
羅許—珍奈勒別墅（Villas LA Roche-Jeanneret，1923 年）的坡道後，出乎意料
感覺很難走。

....

答案 ▶ **1.** ○　**2.** ×

柯比意被認為是最早積極使用坡道的建築師。勒‧羅許一珍奈勒別墅中連結工作室的坡道，實際造訪發現上坡很難走。試算斜率，得出是約 1/3.4 的陡坡。而薩伏瓦別墅的坡道斜率約 1/5.6，也很陡，根據日本的建築基準法是不可能建造的。

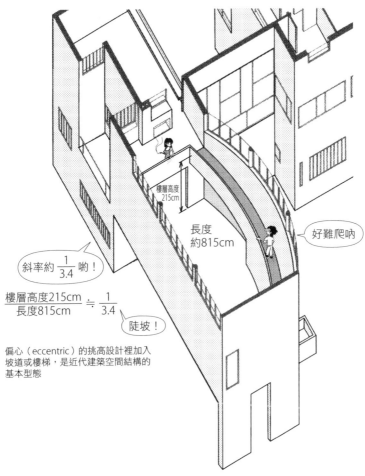

樓層高度
215cm

長度
約815cm

好難爬吶

斜率約 $\frac{1}{3.4}$ 喲！

$\dfrac{樓層高度215cm}{長度815cm} \fallingdotseq \dfrac{1}{3.4}$

陡坡！

偏心（eccentric）的挑高設計裡加入坡道或樓梯，是近代建築空間結構的基本型態

勒‧羅許一珍奈勒別墅工作室部分
（1923年，巴黎，柯比意）

參考資料：柯比意基金會實測圖

Q 1.停車場的車用坡道斜率設為 1/5。

2.與腳踏車停車場的樓梯並排設置的腳踏車用坡道斜率設為 1/4。

....

A <u>車用坡道須為 1/6（17%）以下，與樓梯並排設置的腳踏車用坡道</u>
<u>是 1/4 以下</u>（**1** 為 ×，**2** 為 ○）。這裡的腳踏車用坡道，是讓人可以
邊牽腳踏車邊下坡的坡道。

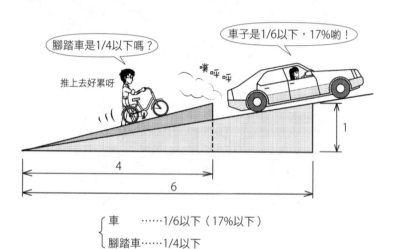

車：……1/6以下（17%以下）

腳踏車：……1/4以下

....

答案 ▶ 1. ×　2. ○

Q 1. 若輪椅用坡道的斜率是1/12，寬度設為100cm。

2. 與樓梯並排設置的坡道，寬度設為100cm。

....

A <u>輪椅用坡道的寬度須為120cm以上，與樓梯並排設置則是90cm以上</u>。因為與樓梯並排設置時，步行者走樓梯，坡道能夠讓輪椅通過即可。出入口最小寬度是80cm以上【入 o】＋10cm＝90cm以上，和走廊寬度相同（參見R016）。另一方面，沒有樓梯只有坡道時，因為需與步行者錯身而過，寬度最少要有120cm以上（**1**為×，**2**為○）。

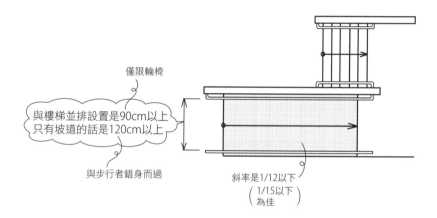

僅限輪椅

與樓梯並排設置是90cm以上
只有坡道的話是120cm以上

與步行者錯身而過

斜率是1/12以下
（1/15以下
為佳）

....

答案 ▶ 1. ×　　2. ○

Q 1. 若輪椅用坡道的斜率是1/12，每100cm的高度內設置平臺。

2. 若輪椅用坡道的寬度是120cm，平臺的級寬設為150cm。

A 獨自坐輪椅爬坡是非常辛苦的。因此，每75cm以下的高度須設置平臺（**1**為×）。平臺的長度（級寬）是輪椅的長度（120cm以下）再加上充裕的空間，即150cm以上（**2**為○）。

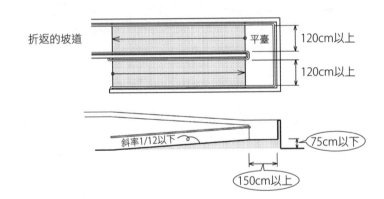

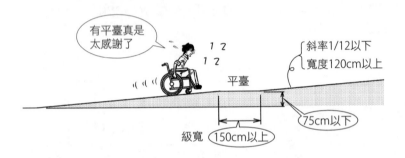

答案 ▶ 1. × 2. ○

Q 高齡者用的樓梯斜率設為6/7。

··

A 高齡者用的樓梯斜率須為6/7（約40°）以下，7/11以下為佳（答案為○）。樓梯的斜率是將梯級突沿（梯級鼻端：stair nosing）連成一線量測而得。

級高18cm／級深21cm
級高24cm／級深28cm

這種形狀的話很容易絆倒

凹面不算入級深！

··

答案 ▶ ○

Q 高齡者用樓梯的級高（R）、級深（T），尺寸符合 55cm ≦ 2R ＋ T ≦ 65cm。

....

A 好爬的樓梯，尺寸的指標包括 2R ＋ T。平地步行的 1 步長，是從水平方向測量。這個長度可想成是級深（T）。另一方面，樓梯需要考量垂直方向的級高（R）。往垂直方向需要把身體抬起，比在水平方向移動身體吃力，所以設為 2 倍的 2R。樓梯上的 1 步，就想成是 2R ＋ T。2R ＋ T 須為 55cm 以上、65cm 以下，中間值 60cm 比較好爬（答案為○）。

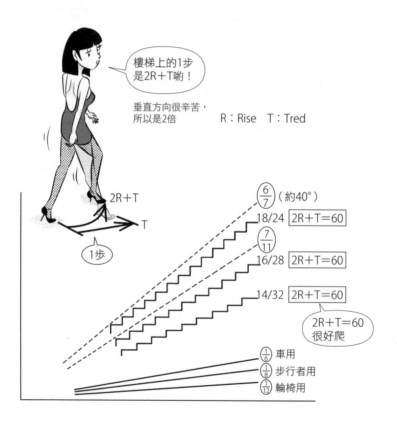

樓梯上的1步是2R＋T喲！

垂直方向很辛苦，所以是2倍　　R：Rise　T：Tred

2R＋T

T

1步

$\frac{6}{7}$（約40°）

18/24　2R＋T=60

$\frac{7}{11}$

16/28　2R＋T=60

14/32　2R＋T=60

2R＋T=60 很好爬

$\frac{1}{6}$ 車用

$\frac{1}{8}$ 步行者用

$\frac{1}{12}$ 輪椅用

....

答案 ▶ ○

Q 手扶梯的斜率設為 1/2。

....

A <u>手扶梯斜率須為 30° 以下</u>。30° 的斜率化為分數是 1/√3 = 1/1.73⋯，
本題中的 1/2 小於 1/1.73（答案為○）。

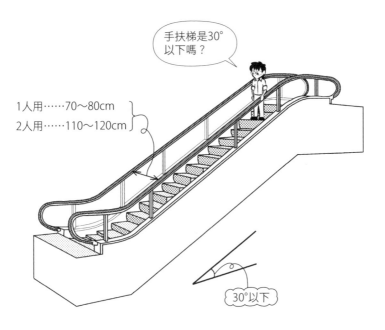

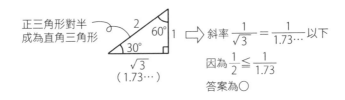

正三角形對半
成為直角三角形

$$斜率 \frac{1}{\sqrt{3}} = \frac{1}{1.73\cdots}以下$$

因為 $\frac{1}{2} \leqq \frac{1}{1.73}$

答案為○

....

答案 ▶ ○

Q **1.** 石板瓦（纖維強化水泥板）的屋頂斜率設為2/10。

2. 日本瓦的屋頂斜率設為4/10。

3. 金屬板瓦棒的屋頂斜率設為2/10。

A 石板瓦的屋頂斜率是3/10（日文：3寸勾配）以上。金屬板讓水容易流動，所以斜率是較小的2/10（日文：2寸勾配）以上。日本瓦在重疊部位容易進水，所以斜率是比石板瓦屋頂大的4/10（日文：4寸勾配）以上（**1**為╳，**2**為○，**3**為○）。

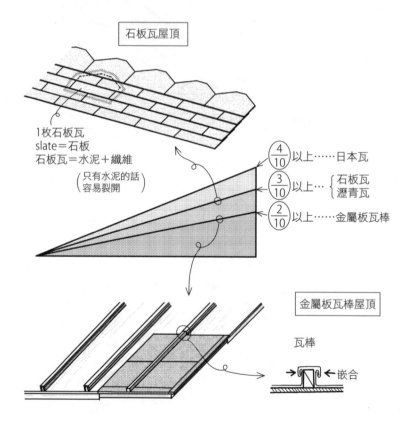

石板瓦屋頂

1枚石板瓦
slate＝石板
石板瓦＝水泥＋纖維
（只有水泥的話）
（容易裂開）

$\frac{4}{10}$ 以上……日本瓦

$\frac{3}{10}$ 以上…｛石板瓦
瀝青瓦

$\frac{2}{10}$ 以上……金屬板瓦棒

金屬板瓦棒屋頂

瓦棒

→ ⌐⌐ ← 嵌合

• 屋頂斜率越大，水越容易流動，但缺點是很難到屋頂上維護。

答案 ▶ 1. ╳　2. ○　3. ○

輪椅用坡道	$\dfrac{1}{12}$ 以下 （ $\dfrac{1}{15}$ 為佳）
步行者用坡道	$\dfrac{1}{8}$ 以下
車用坡道 （停車場）	$\dfrac{1}{6}$ 以下 （17%以下）
腳踏車用坡道 （腳踏車停車場與 樓梯並排設置）	$\dfrac{1}{4}$ 以下
高齡者用樓梯	$\dfrac{6}{7}$ 以下 $55cm \leqq 2R+T \leqq 65cm$
手扶梯	30°以下
石板瓦屋頂	$\dfrac{3}{10}$ 以下

1

尺寸

（3寸勾配）

Q 樓梯上的扶手高度，設為距踏面前端位置110cm。

A 樓梯上靠牆設置、<u>輔助身體用的扶手高度是75～85cm左右</u>。110cm太高，無法支撐體重（答案為×）。不靠牆的樓梯，扶手高度90cm左右較安全，不過另外在略低的位置設置讓手抓握的扶手更佳。<u>屋頂廣場、陽臺、外部走廊的防墜扶手高度，日本建築基準法規定為110cm以上</u>。

> 日本建築基準法
> 防墜是110cm以上喲

- 輔助身體的扶手 ……高度75～85cm左右
- 水平地面部分的扶手……高度110cm以上

> 75～85cm

> 輔助扶手是75～85cm嗎？

> 110cm以上

從梯級鼻端開始測量

梯級突沿

沒有陽臺的窗下牆面高度多為110cm以上

• 樓梯兩側皆有扶手最佳，若只有單側扶手，設在<u>下樓</u>的慣用手側。

答案 ▶ ×

Q 考量高齡者，走廊上設置的靠牆扶手，設為距地面75cm和60cm的兩段式。

....

A 考慮到駝背並將體重撐在扶手上或較矮小的高齡者，有時75cm的扶手太高。因此，可以設置<u>高度為75～85cm和60～65cm的兩段式扶手</u>（答案為○）。

* universal design直譯是「通用的設計」。無論文化、能力、語言、男女老少、障礙者與否，無關其差異都能使用的設施、產品、資訊等的設計。

....

答案 ▶ ○

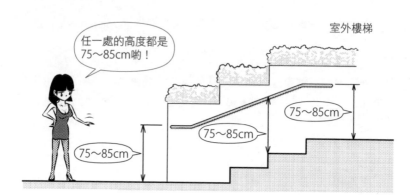

室外樓梯

任一處的高度都是75～85cm喲！

75～85cm

75～85cm

75～85cm

玄關

垂直扶手

75cm以下

高低差

75～85cm

75～85cm

走廊＋樓梯

75～85cm

75～85cm

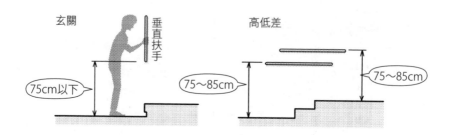

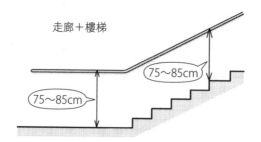

Q 樓梯和走廊的扶手直徑設為3.5cm，扶手與牆的間距設為40mm。

....

A 考量方便抓握，<u>扶手的直徑是3～4cm</u>，<u>與牆的間距是4～5cm</u>（答案為○）。

從牆面延伸出來的<u>支架</u>（金屬支撐物）形狀，是避免手卡到而由下方支撐的樣式。

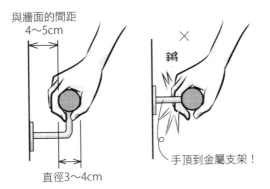

與牆面的間距
4～5cm

×

鏘

手頂到金屬支架！

直徑3～4cm

....

答案 ▶ ○

Q 1. 樓梯扶手端部是水平延伸30cm，再向下彎曲。
2. 走廊和樓梯是連續扶手，端部向下彎曲。

A

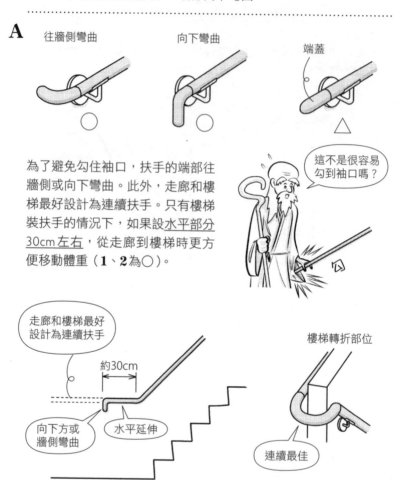

往牆側彎曲　　　　　向下彎曲　　　　　　端蓋

○　　　　　　　　○　　　　　　　　△

為了避免勾住袖口，扶手的端部往牆側或向下彎曲。此外，走廊和樓梯最好設計為連續扶手。只有樓梯裝扶手的情況下，如果設<u>水平部分30cm左右</u>，從走廊到樓梯時更方便移動體重（**1**、**2**為○）。

這不是很容易勾到袖口嗎？

走廊和樓梯最好設計為連續扶手

約30cm

向下方或牆側彎曲　　水平延伸

樓梯轉折部位

連續最佳

• 構成端部或彎曲部位的零件，稱為配件（accessory）。扶手轉折部位是彎曲的，所以組合配件來處理。

答案 ▶ **1.** ○　　**2.** ○

Q **1.** 西式廁所的扶手直徑，垂直扶手比水平扶手粗。

　 2. 西式廁所的L型扶手長度，設為垂直方向80cm、水平方向60cm。

A 如廁後起身時，為了減少對膝蓋的負擔，有時會用手支撐。為了抓握垂直扶手來拉引身體，<u>扶手直徑是3～4cm左右</u>。

因為有時會將手肘架在水平扶手上來支撐身體重量，水平扶手會比垂直扶手粗（**1**為×）。此外，使用廁所時，有時會抓住L型扶手的垂直部分來起身，水平部分是讓手靠在上面支撐，所需的長度是垂直部分約80cm、水平部分約60cm（**2**為○）。

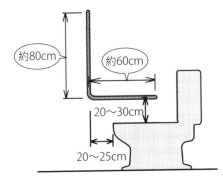

約80cm
約60cm
20～30cm
20～25cm

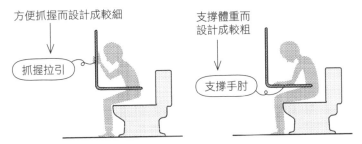

方便抓握而設計成較細
抓握拉引

支撐體重而設計成較粗
支撐手肘

L型扶手的現成品，多半是垂直部分和水平部分的直徑皆為32mm左右

Q 1. 考量視障者，導盲磚設置在樓梯前方30cm左右的地面。

　2. 考量高齡者，地腳燈設置在樓梯上行處距第一階的踏面及下行處
　　距地面30cm左右的高度。

....

A 公共場所的樓梯，裝有視
　障者用的<u>導盲磚</u>，以及為
　視力不佳的人設置的<u>地腳
　燈</u>等（**1**、**2**為○）。

30~40cm

地腳燈

公共場所的樓梯
當然得這樣設計

地腳燈

30~40cm

導盲磚

約30cm

約30cm

導盲磚

● 導盲磚是表面有點狀凹凸的橡膠板。也有線狀凹凸的導盲磚。

....

答案 ▶ 1. ○　　2. ○

Q 1. 考量輪椅使用者，玄關門檻條與玄關門廊的高低差設為 3cm。

　 2. 考量高齡者，玄關門檻條與玄關門廊設為同色。

A 為了確保防水性和氣密性，門檻條的內側較高。然而，高低差變大，會造成輪椅進出不便，腳也容易絆倒。因此，高低差須為 <u>2cm以下</u>（**1**為 ×）。此外，高齡者對顏色的辨識能力容易變弱，需要將門檻條的顏色與周圍做區別，避免絆倒（**2**為 ×）。

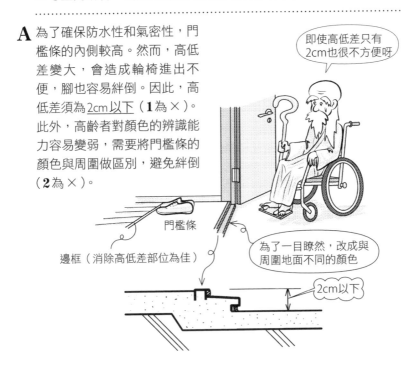

即使高低差只有 2cm也很不方便呀

門檻條

邊框（消除高低差部位為佳）

為了一目瞭然，改成與周圍地面不同的顏色

2cm以下

超級記憶術

高低差 ⇨ 二 ⇨ 二 ⇨ 2cm以下

從尺寸記號的形狀來聯想「二」

- 筆者母親所住的高齡者專用出租住宅玄關門檻條有 2cm 的高低差，即使只有微小的差距，也讓輪椅進出非常不方便。維持防水性的同時，也希望讓表面平坦，使用便利。

答案 ▶ **1.** ×　**2.** ×

1

尺寸

Q 考量高齡者：

  1. 玄關的上邊框高低差設為18cm以下。

  2. 露臺出入口的高低差有36cm，所以需要設高18cm、縱深25cm、寬50cm的踏階。

A

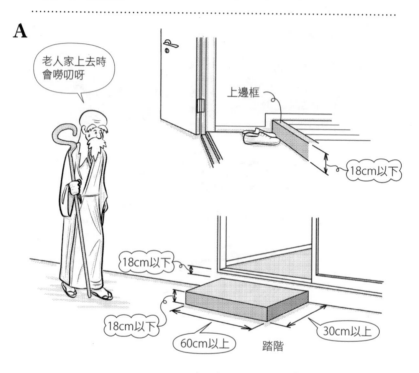

老人家上去時會嘮叨呀

上邊框

18cm以下

18cm以下

18cm以下

60cm以上　踏階　30cm以上

上邊框的高度是 18cm以下，露臺、陽臺的出入口高低差也是1階，在18cm以下。踏階則是設定須為縱深30cm以上、寬60cm以上（**1**為○，**2**為×）。

Q 考量高齡者：
　1. 使用格柵板，消除浴室入口的高低差。
　2. 若浴室地板到浴缸邊緣的高度是40cm，浴缸深度設為50cm。

A 為了不讓浴室的水流到更衣室，浴室地板的高度通常比更衣室低10cm左右。設置排水溝和格柵板，就能讓地板成為連續的平面（**1**為○）。在既有的浴室地板上設木板踏墊，也是消除出入口高低差的有效做法。使用小片的木板踏墊，容易拆除和清掃，非常方便。

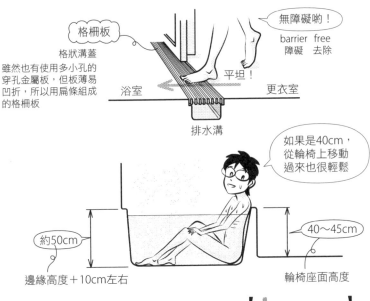

格柵板

格狀溝蓋
雖然也有使用多小孔的穿孔金屬板，但板薄易凹折，所以用扁條組成的格柵板

無障礙喲！
barrier free
障礙　去除

平坦！

浴室　　　　　　更衣室

排水溝

如果是40cm，從輪椅上移動過來也很輕鬆

約50cm

邊緣高度＋10cm左右

40～45cm

輪椅座面高度

輪椅座面的高度是 <u>40～45cm</u>，如果與浴缸邊緣齊高，從輪椅上移動過來也很輕鬆（**2**為○）。移動時，在浴缸上架設板子，先坐在上面。浴缸深度如果是40cm，太淺無法泡澡。由於希望深度 <u>50cm</u>，所以比浴室地面低5～10cm。

40cm

【　】內是超級記憶術

Q 每輛車的停車位設為寬200cm、縱深400cm。

....

A 一般停車位是寬230～300cm、縱深500～600cm左右（答案為×）。記住 <u>230cm×600cm</u> 吧。即使是寬210cm，也能勉強停車。小客車的標準大小是寬170cm×長470cm×高200cm以下。這占據相當大的平面空間。

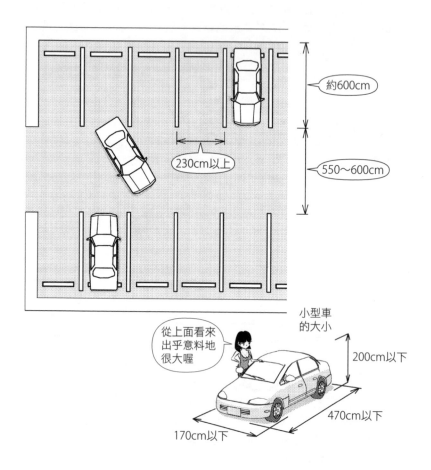

約600cm

230cm以上

550～600cm

從上面看來出乎意料地很大喔

小型車的大小

200cm以下

470cm以下

170cm以下

....

答案 ▶ ×

Q 輪椅使用者每輛車的停車位設為寬250cm、縱深600cm。

....

A 一般來説，停車位必須是寬230～300cm、縱深500～600cm左右。
輪椅使用者的停車位因考量開車門進出，<u>寬須為350cm以上</u>（答案
為╳）。

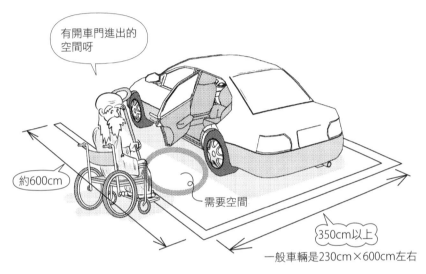

有開車門進出的
空間呀

約600cm

需要空間

350cm以上

一般車輛是230cm×600cm左右

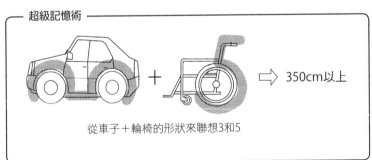

超級記憶術

＋　⇨　350cm以上

從車子＋輪椅的形狀來聯想3和5

....

答案 ▶ ╳

Q 汽車停車場整體停車位數50輛中，必須確保有2輛輪椅使用者停車位。

....

A 輪椅使用者停車位須為整體的 1/50（2%）以上。50輛車中要有1輛以上（答案為○）。

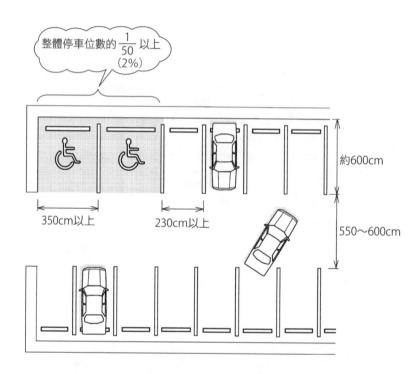

整體停車位數的 $\frac{1}{50}$ 以上（2%）

350cm以上　　230cm以上

約600cm　　550～600cm

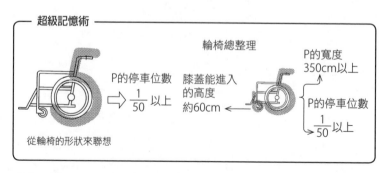

超級記憶術

輪椅總整理

P的停車位數 $\Rightarrow \frac{1}{50}$ 以上

膝蓋能進入的高度約60cm

P的寬度350cm以上

P的停車位數 $\frac{1}{50}$ 以上

從輪椅的形狀來聯想

答案 ▶ ○

Q 1. 包含車道的汽車停車場，每輛車的單位面積設為50m²。

　2. 包含車道的汽車停車場，相較於直角停車，60°停車的每輛車單位面積較小。

A 包含車道的汽車停車場面積，<u>每輛車是30〜50m²</u>（**1**為○）。斜角停車的方式容易進出，車道狹窄也影響不大，但浪費的空間多，所以每輛車單位面積較大（**2**為×）。

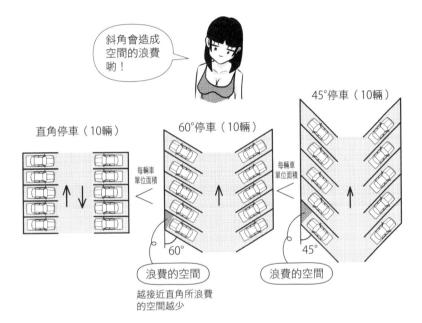

斜角會造成空間的浪費喲！

直角停車（10輛）　　60°停車（10輛）　　45°停車（10輛）

每輛車單位面積　　每輛車單位面積

浪費的空間　　浪費的空間

越接近直角所浪費的空間越少

超級記憶術

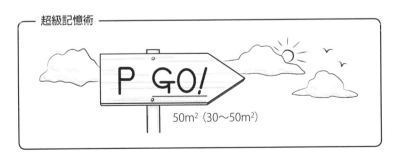

P GO!

50m² (30〜50m²)

Q 汽車停車場的車道寬度設為600cm。

....

A 汽車停車場的車道
寬度，<u>雙向通行是</u>
<u>550cm以上，單向</u>
<u>通行是350cm以上</u>
（答案為○）。

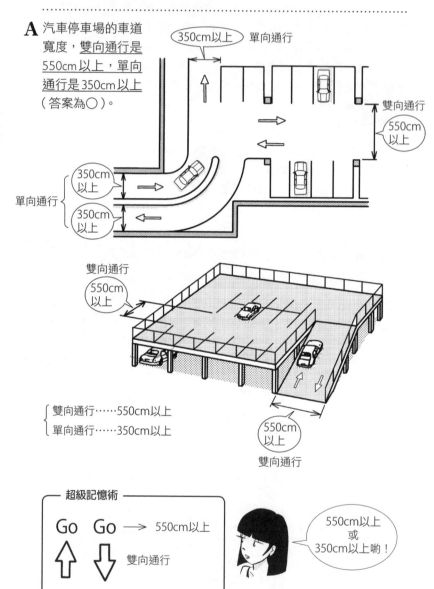

雙向通行……550cm以上
單向通行……350cm以上

超級記憶術

Go　Go ⟶ 550cm以上

↑　↓　　雙向通行

550cm以上
或
350cm以上喲！

....

答案 ▶ ○

Q 在汽車停車場車道，轉彎部位的內側回轉半徑設為600cm。

．．

A 內側回轉半徑是在車子最內側所測得的回轉半徑。回轉半徑越小，
路線就越彎，越不安全。汽車停車場的轉彎部位，回轉半徑須為
<u>500cm以上</u>（答案為○）。

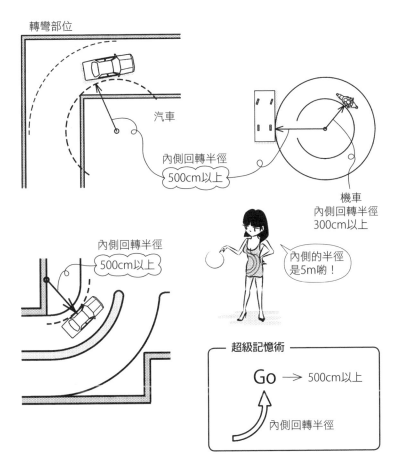

Q 汽車停車場的梁下高度設為200cm。

....

A <u>汽車停車場的梁下高度，在車道須為230cm以上、在停車位是</u>
<u>210cm以上</u>。車頂高的廂型車高210cm，所以停車位的梁下高度也
以230cm以上為佳（答案為×）。

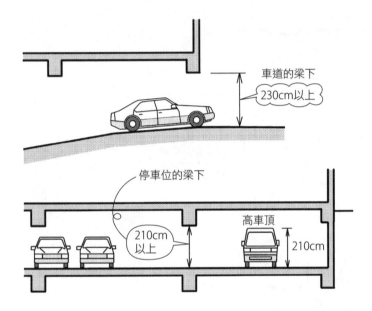

車道的梁下
230cm以上

停車位的梁下

高車頂

210cm
以上

210cm

....

答案 ▶ ×

Q 自助式地下停車場坡道的起訖段為緩和的斜率，其斜率設為坡道斜率的1/2。

A 從水平到傾斜的部位都是約350cm，其斜率是坡道斜率的1/2以下，使整條車道都很平順。坡道斜率是1/6（17%）以下（答案為○）。

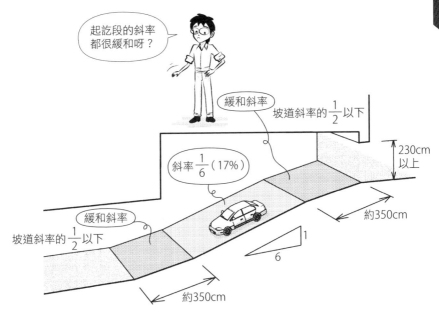

起訖段的斜率都很緩和呀？

緩和斜率　坡道斜率的 $\frac{1}{2}$ 以下

斜率 $\frac{1}{6}$（17%）

230cm以上

緩和斜率
坡道斜率的 $\frac{1}{2}$ 以下

約350cm

約350cm

Q 汽車停車場的出入口設在距交叉路口6m、距小學出入口23m之外。

....

A 在汽車停車場的出入口，人車動線交會，非常危險。雖然有各種規
範限制，但請先記住<u>距交叉路口5m以內、距幼稚園和小學的出入
口20m以內</u>不可設置停車場出入口這兩點（答案為○）。

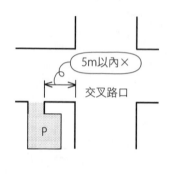
5m以內×　　交叉路口

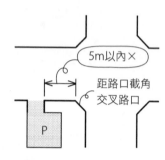
5m以內×　　距路口截角　　交叉路口

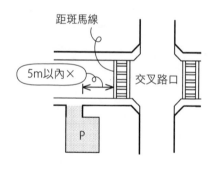
距斑馬線　　5m以內×　　交叉路口

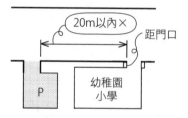
20m以內×　　距門口　　幼稚園　小學

汽車出入口很危險呀？

....

答案 ▶ ○

Q 每輛機車的停車位設為寬55cm、縱深190cm。

....

A 機車的車型大小雖然林林總總，停車位<u>寬90cm×</u> <u>縱深230cm</u>左右就OK了（答案為 ╳）。縱深230cm與汽車停車位寬度相同。

機車有大台
也有小台喔

約90cm

約230cm

....

答案 ▶ ╳

Q 每輛腳踏車的停車位設為寬60cm、縱深190cm。

....

A 每輛腳踏車和機車的停車位是<u>腳踏車60cm×190cm</u>、<u>機車 90cm×230cm左右</u>（答案為○）。停放腳踏車時，為了避免手把相互碰撞，用停車架來前後、上下錯開，寬度間隔可以縮小到30cm 以下。

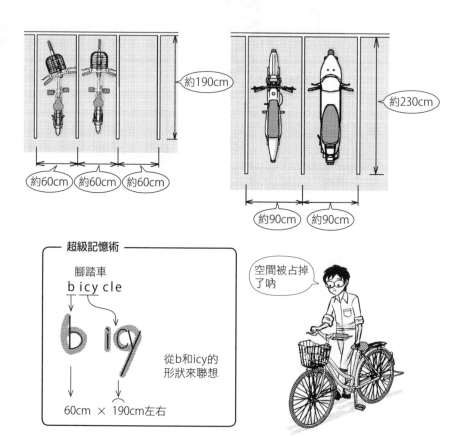

Q 大規模的商店計畫，設在地下樓層的停車場各柱間，為了能並排停放3輛一般汽車，設定柱跨距為7m×7m。

A 如圖所示，約6m的跨距可停2輛，約8m的跨距可停3輛。本題中的7m，只能停放2輛車（答案為×）。

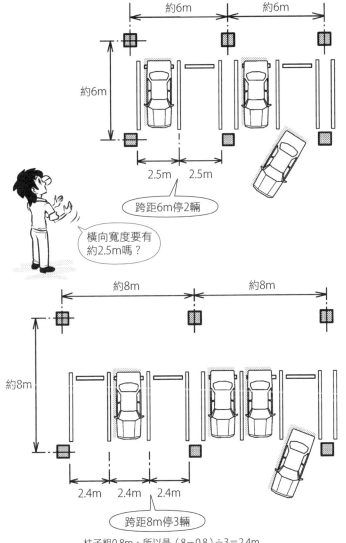

跨距6m停2輛

橫向寬度要有約2.5m嗎？

跨距8m停3輛

柱子粗0.8m，所以是（8−0.8）÷3＝2.4m

答案 ▶ ×

汽車		230cm×600cm左右
機車		90cm×230cm左右
腳踏車		60cm×190cm左右 b icy cle b ig 60cm　190cm
殘障人士用		350cm以上×600cm左右
車道寬度 （雙向通行）		550cm以上 Go Go → 550cm以上 ⇧ ⇩ （單向通行　350cm以上）
內側回轉半徑		500cm以上 Go → 500cm以上

・【　】內是超級記憶術

Q 病房類別中一般病房4人房面積，內部尺寸設為28m²。

....

A 醫院、診所的一般病房，所需的空間是<u>每名患者6.4m²以上</u>。以本題為例，28m²÷4人＝7m²/人，符合基準（答案為○）。日本的醫療法施行規則明定了這個面積數值和內部尺寸的測量。在建築中，談到面積，常會因人而異。

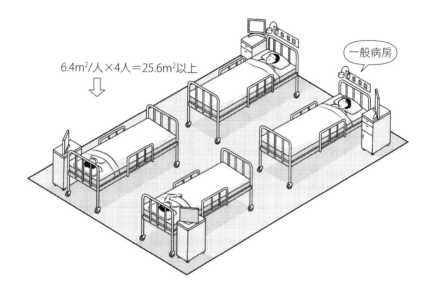

6.4m²/人×4人＝25.6m²以上

一般病房

....

答案 ▶ ○

Q 特別養護老人之家可容納人數2人的入住者專用居室，樓地板面積設為16m²。

....

A 特別養護老人之家的專用居室面積，須為 <u>10.65m²/人以上</u>。以本題為例，16m²÷2＝8m²/人，不符合基準（日本老人福祉法省令），所以不可行（答案為×）。

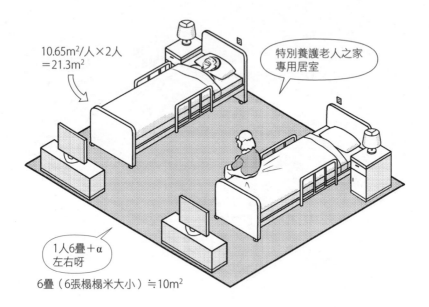

10.65m²/人×2人
＝21.3m²

特別養護老人之家
專用居室

1人6疊＋α
左右呀

6疊（6張榻榻米大小）≒10m²

....

答案 ▶ ×

Q 托兒所可容納人數 30 人的育幼室，樓地板面積設為 36m²。

....

A 育幼室的樓地板面積，須為<u>每人 1.98m² 以上</u>。以本題為例，
36m²÷30 人＝1.2m²/人，不符合基準，所以不可行（答案為 ×）。

每人1.98m²
喲

滿6歲就是
小學生了

1.98m²/人×10人＝19.8m²（約12疊）以上

托兒所
育幼室

2
面積

....

答案 ▶ ×

Q 小學裡一個年級35人的普通教室，面積設為56m²。

....

A 中小學的普通教室面積，須為 <u>1.2～2.0m²/ 人</u>。以本題為例，
56m²÷35人＝1.6m²/人，符合基準（答案為○）。

（1.2～2.0m²/人）×30人＝36～60m²

⬇

> 中小學
> 普通教室

....

Q 地區圖書館可容納人數50人的無書架一般閱覽室，面積設為 125m²。

A 日本的市町村（鄉鎮市）等級，直接為居民提供服務的圖書館是<u>地區圖書館</u>。<u>閱覽室</u>是查詢或閱讀書籍的房間（空間），所需面積為<u>1.6～3.0m²/人</u>。以本題為例，125m²÷50人＝2.5m²/人，符合基準（答案為○）。

閱覽是指查詢閱讀的意思嗎？

一般閱覽室
reading room

相對於兒童的是一般

2

面積

答案 ▶ ○

Q 一般事務所中12人工作的辦公室，面積設為120m²。

....

A 辦公室的面積須為<u>8～12m²/人</u>。請記住每人約6疊（約10m²）。
10m²±2m²，為8～12m²。以本題為例，120m²÷12＝10m²/人，符合基準（答案為○）。

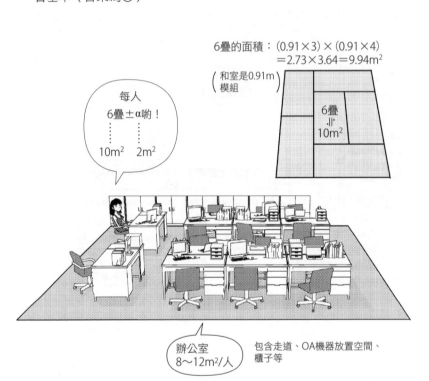

6疊的面積：（0.91×3）×（0.91×4）
＝2.73×3.64＝9.94m²
（和室是0.91m
模組）

6疊
≒
10m²

每人
6疊±α喲！
10m² 2m²

辦公室
8～12m²/人

包含走道、OA機器放置空間、
櫃子等

Q **1.** 可容納人數 12 人左右的會議室，內部尺寸設為 5m×10m。

　　2. 可容納人數 20 人左右，桌子配置為口字型的會議室，大小設為
　　　3.6m×7.2m。

A 會議室須為 2～5m²/人，**1** 是 (5m×10m)/12 人 ≒ 4.2m²/人，**2** 是
(3.6m×7.2m)/20 人 ≒ 1.3m²/人，所以答案是 **1** 為○、**2** 為×。

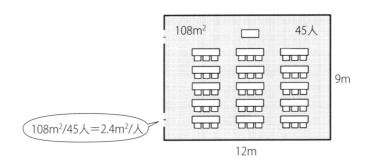

108m²　　　　　　45人

108m²/45人＝2.4m²/人

9m

12m

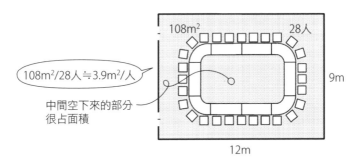

108m²　　　　　　28人

108m²/28人≒3.9m²/人

中間空下來的部分
很占面積

9m

12m

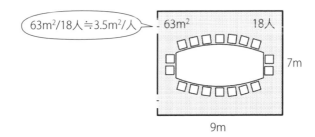

63m²/18人≒3.5m²/人　63m²　　　　18人

7m

9m

2
面積

Q 電影院可容納人數600人的觀眾席，面積設為420m²。

....

A 電影院、劇場的觀眾席面積，包含通道須為 <u>0.5～0.7m²/人</u>。以本題為例，420m²÷600人＝0.7m²/人，符合基準（答案為○）。

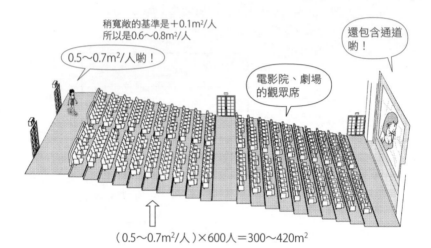

稍寬敞的基準是＋0.1m²/人
所以是0.6～0.8m²/人

0.5～0.7m²/人喲！

電影院、劇場
的觀眾席

還包含通道
喲！

（0.5～0.7m²/人）×600人＝300～420m²

....

Q 1. 電影院的座位寬度（一個人座位的正面寬度）設為50cm、前後間隔設為100cm。

2. 電影院的座位前後間隔若確保有110cm，空間較寬敞。

A 劇場、電影院的座位空間，多為寬50cm╳前後間隔100cm以下。如果是較窄的座位，有時寬45cm╳前後間隔80cm（**1**為○）。座面與前座椅背之間，要有35cm以上。前後間隔110cm是非常寬敞的空間（**2**為○）。

比50cm╳100cm…0.5m² 小的座位很多喲！

35cm以上

約50cm

約50cm

45cm以上

約100cm

80cm以上

前後間隔約80cm

座面幅寬是約45cm，還記得嗎？

（參見R012）

約45cm　約45cm　約45cm

不管是電車或飛機，經濟艙座位寬約45cm、前後間隔約80cm

答案 ▶ 1. ○　2. ○

Q 商務旅館每間單床房的單位面積設為 15m²。

. . . .

A 商務旅館的房型多半採最小限度的面積，為 <u>12~15m² 左右</u>（答案為○）。

洗臉臺、衛浴、廁所

最小限度的單間房嗎？

商務旅館單床房 12~15m²

. . . .

- 日本泡沫經濟時期的公寓單間房，多為整體浴室（洗臉臺、衛浴、廁所的空間一體成型）和6疊大小的房間，<u>16m² 左右</u>。現在的單間房則是浴廁分離，<u>25m² 左右</u>。

. . . .

答案 ▶ ○

Q 城市旅館每間雙床房的單位面積設為30m²。

....

A 城市旅館的房間設計得比商務旅館大，雙床房（兩張單人床的房間）<u>約30m²</u>（答案為○）。

洗臉臺、衛浴、廁所

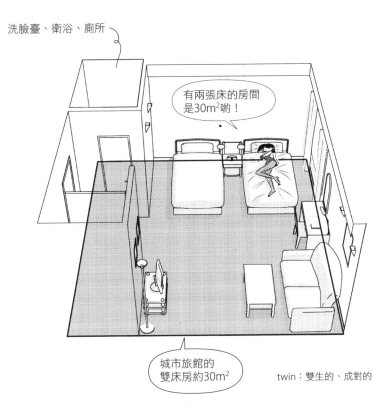

有兩張床的房間是30m²喲！

城市旅館的雙床房約30m²

twin：雙生的、成對的

2

面積

┌─ 超級記憶術 ─────────────────────────

（商務）　　　　（城市）
單人15m²　⇨　雙人15×2＝30m²

....

答案 ▶ ○

Q 城市旅館的計畫，為了能舉辦容納人數 100 人左右的座席形式結婚宴會，宴會廳的樓地板面積設為 250m²。

A 宴會廳的面積是 <u>1.5～2.5m²/人</u>。有餘裕的配置是座席 2.5m²/人，立食 2m²/人左右。以本題為例，250m²/100 人＝2.5m²/人，符合基準（答案為○）。

座席
255m²/100人＝2.55m²/人

立食
255m²/120人≒2.1m²/人

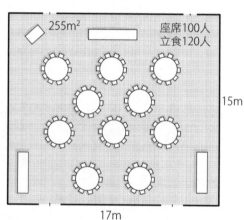

255m²

座席100人
立食120人

15m

17m

答案 ▶ ○

Q 西式餐廳有50席的座位區，面積設為80m²。

A <u>餐廳座位區的面積是1～1.5m²/人</u>。相較於宴會廳的1.5～2.5m²/人，只小0.5m²/人，配置稍擁擠。記住「宴會廳2m²－0.5m²」。以本題為例，80m²/50人＝1.6m²/人，符合基準（答案為○）。

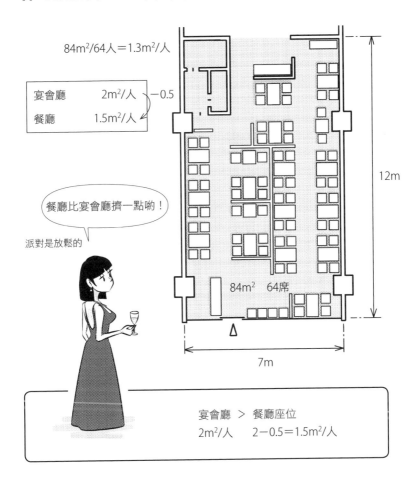

84m²/64人＝1.3m²/人

宴會廳	2m²/人
餐廳	1.5m²/人

－0.5

12m

餐廳比宴會廳擠一點喲！

派對是放鬆的

84m² 64席

7m

宴會廳 ＞ 餐廳座位
2m²/人　2－0.5＝1.5m²/人

答案 ▶ ○

醫院一般病房		6.4m²/床以上
特別養護老人之家 入住者專用居室		10.65m²/人以上
托兒所育幼室		1.98m²/人以上
中小學普通教室		1.2～2.0m²/人
圖書館閱覽室		1.6～3.0m²/人
辦公室		8～12m²/人

會議室	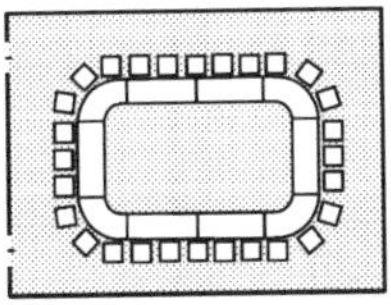	2～5m²/人
劇場、電影院觀眾席		0.5～0.7m²/人
商務旅館單床房		12～15m²
城市旅館雙床房		約30m² 【單人15m² ⇨ 雙人15×2＝30m²】
宴會廳		1.5～2.5m²/人
餐廳座位區	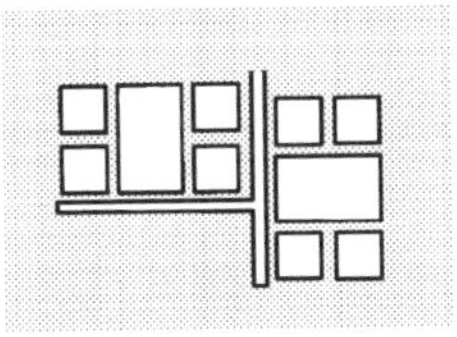	1～1.5m²/人

2

面積

只放入椅子是約0.5m²/人，椅＋桌則變成約1.5m²/人。

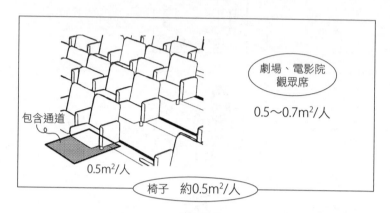

劇場、電影院
觀眾席

0.5～0.7m²/人

包含通道

0.5m²/人

椅子　約0.5m²/人

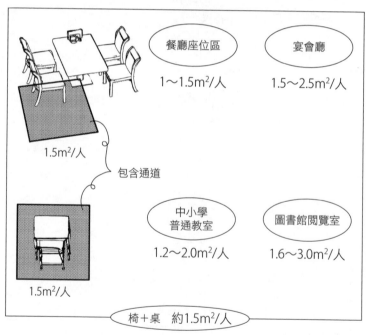

餐廳座位區

1～1.5m²/人

宴會廳

1.5～2.5m²/人

1.5m²/人

包含通道

中小學
普通教室

1.2～2.0m²/人

圖書館閱覽室

1.6～3.0m²/人

1.5m²/人

椅＋桌　約1.5m²/人

Q 住宅收納空間設為每個房間樓地板面積的20%。

A 住宅收納空間要確保每個房間（居住空間）有 <u>15～20% 左右</u>。衣帽間同理。收納空間占住宅整體<u>約10%</u>（答案為○）。

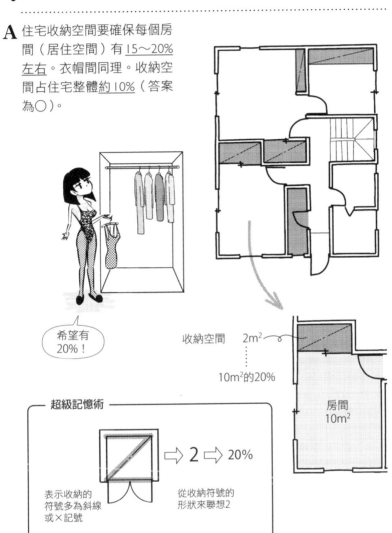

希望有 20%！

收納空間　　2m²

10m²的20%

房間 10m²

— 超級記憶術 —

⇨ 2 ⇨ 20%

表示收納的符號多為斜線或×記號

從收納符號的形狀來聯想2

2

面積

Q 標準層樓地板面積500m²的出租辦公大樓，標準層出租辦公室的面積設為400m²。

....

A 收益部分與整體（這裡指標準層〔standard floor〕）的比，稱為<u>出租容積率（rentable floor area ratio）</u>。可以（able）出租（rent）的面積比中，辦公大樓標準層的出租容積率是<u>75～85%</u>。以本題為例，400m²/500m² ＝ 0.8 ＝ 80%，符合基準（答案為○）。

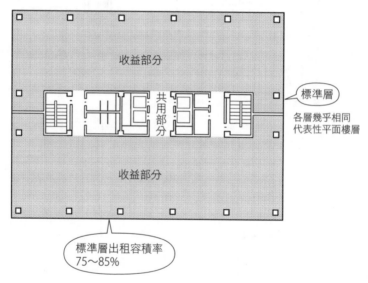

$$出租容積率 = \frac{收益部分樓地板面積}{總樓地板面積}$$

rent　able
出租　可以

答案 ▶ ○

Q 建坪5000m²的出租辦公大樓，出租辦公室的面積設為3500m²。

A 辦公大樓出租容積率是<u>標準層為75～85%，以建坪來說是65～75%</u>。因為納入入口大廳、機房等空間，以建坪來看出租容積率變小。記住是<u>75%±10%</u>吧。以本題為例，3500m²/5000m² = 0.7 = 70%，符合基準（答案為○）。

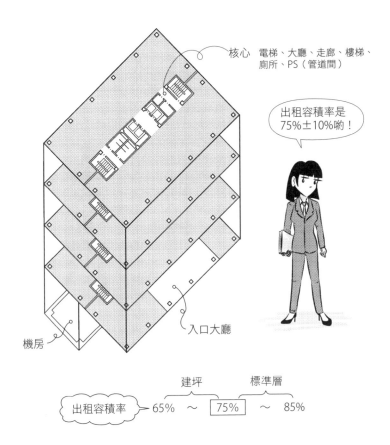

核心　電梯、大廳、走廊、樓梯、廁所、PS（管道間）

出租容積率是75%±10%喲！

入口大廳

機房

出租容積率 — 65%　～　75%　～　85%
　　　　　　　　　　　建坪　　　標準層

2
面積

Q 商務旅館客房部的面積設為建坪的75%。

. . . .

A 商務旅館的客房面積和辦公大樓一樣，<u>約建坪的75%以下，約標準層的75%以上</u>（答案為○）。

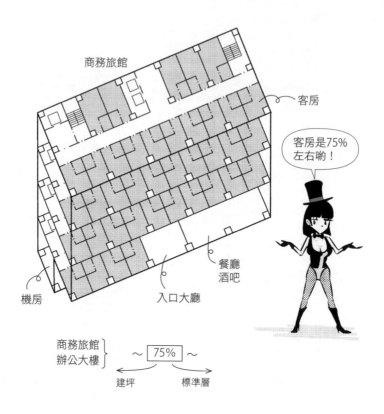

商務旅館

客房

客房是75%
左右喲！

機房

入口大廳

餐廳
酒吧

商務旅館
辦公大樓　〜 │ 75% │ 〜

建坪　　　標準層

. . . .

答案 ▶ ○

Q 旅館客房面積占建坪的比率,城市旅館大於商務旅館。

A 商務旅館優先考量住宿機能,客房面積的比率較大。另一方面,城市旅館的宴會廳、餐廳、咖啡廳、酒吧等房務部(podium department)占整體約50%,空間很大,客房面積比率比商務旅館小(答案為 ×)。podium的原意是希臘神殿的基臺。

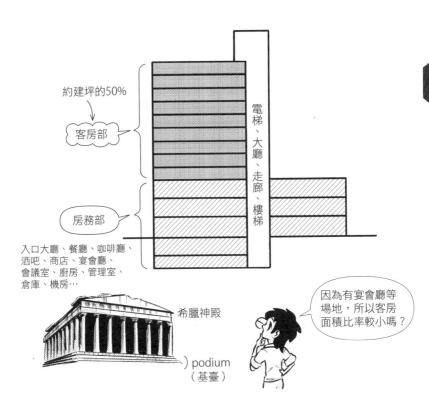

約建坪的50%

客房部

電梯、大廳、走廊、樓梯

房務部

入口大廳、餐廳、咖啡廳、酒吧、商店、宴會廳、會議室、廚房、管理室、倉庫、機房…

希臘神殿

podium(基臺)

因為有宴會廳等場地,所以客房面積比率較小嗎?

答案 ▶ ×

Q 附宴會廳且客房數750間的城市旅館計畫，規畫每間客房單位建坪100m²。

....

A 各類旅館的建坪，<u>城市旅館、度假旅館約100m²/室，商務旅館約50m²/室</u>（答案為○）。城市旅館的房務部較大，所以每間客房單位建坪變大。

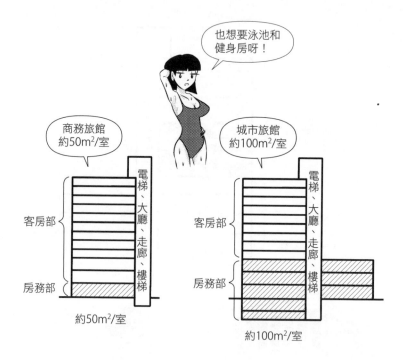

Q 百貨公司賣場面積（包含通道）設為建坪的60%。

....

A 百貨公司賣場面積為<u>建坪的50～60%左右</u>（答案為○）。入口大廳、電梯、電梯廳、樓梯、倉庫、管理室等，占剩下的40～50%。越高級的百貨公司，賣場面積越小。

百貨公司… $\dfrac{\text{（包含通道）賣場面積}}{\text{建坪}} = 50\sim60\%$

百貨公司的賣場是50～60%左右喲！

....

答案 ▶ ○

Q 1. 量販店（超市）為了提高每單位樓地板面積的銷售效率，設計低樓層建築物，且賣場面積占建坪的比率大。

    2. 建坪 1000m² 的量販店，賣場面積總和（包含賣場內的通道）設為 600m²。

....

A 與百貨公司相較，量販店賣場面積占建坪的比率較大，為 <u>60% 強</u>（1、2 為○）。相較於百貨公司的寬敞，量販店配置較擁擠。記住是 60% 上下吧。

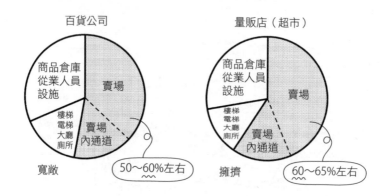

Q 總樓地板面積200m² 的餐廳，廚房面積設為60m² 。

A <u>餐廳的廚房面積占餐廳整體約 30%</u>，也就是 3 成左右是內場。以本題為例，60m² ÷ 200m² = 0.3 = 30%，符合基準（答案為○）。

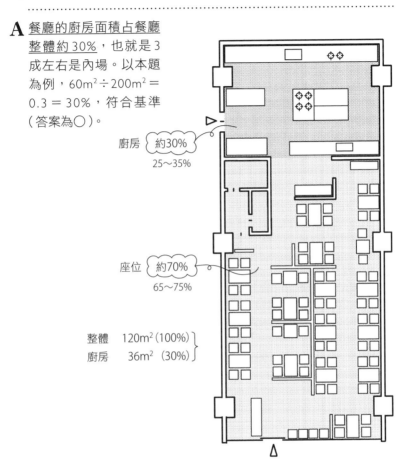

廚房 約30%
25～35%

座位 約70%
65～75%

整體 120m² (100%)
廚房 36m² (30%)

2
面積

Q 總樓地板面積100m² 的咖啡館,廚房面積設為15m²。

....

A 較少進行烹調的咖啡館,<u>廚房面積占整體的15～20%左右</u>(答案為○)。記住是餐廳數值30%的一半吧。

> 咖啡館的廚房
> 約15%喲!

> 廚房 約15%
> 15～20%

答案 ▶ ○

Q 美術館展覽室的面積，多為建坪的30～50%。

....

A 美術館、博物館展覽室的面積，多為建坪的30～50%左右（答案為 ○）。因為入口大廳、走廊、休息室等共用空間，以及收藏室，需 要較多面積。

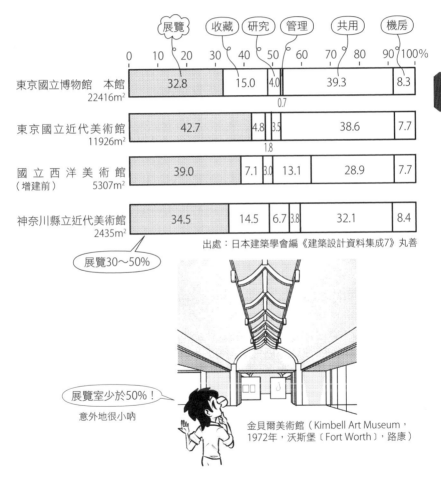

神奈川縣立近代美術館
2435m²

展覽30～50%

出處：日本建築學會編《建築設計資料集成7》丸善

展覽室少於50%！

意外地很小吶

金貝爾美術館（Kimbell Art Museum，
1972年，沃斯堡〔Fort Worth〕，路康）

2
面積

....

答案 ▶ ○

住宅收納空間 房間面積	15～<u>20</u>% 【 ⇨ 2 ⇨ 20% 】
辦公大樓出租容積率 （占標準層的比率）	<u>75</u>～85%
辦公大樓出租容積率 （占建坪的比率）	65～<u>75</u>%
商務旅館客房面積 建坪	約<u>75</u>%
城市旅館客房面積 建坪	約50%
百貨公司賣場面積 建坪	50～<u>60</u>%
量販店賣場面積 建坪	<u>60</u>～65%
餐廳廚房面積 餐廳面積	約<u>30</u>%
咖啡館廚房面積 咖啡館面積	<u>15</u>～20%
美術館展覽室面積 建坪	30～50%

【 】內是超級記憶術

Q 食寢分離是為了避免灰塵堆積在棉被上等衛生考量，將用餐空間與寢室分開。

A 在疊放棉被的房間用餐，衛生欠佳，所以日本在二戰前提倡「食寢分離」（答案為○）。這被認為是戰後日本公營住宅和獨立住宅出現nDK平面的契機。

雖然和樂融融

吃和睡要分開喲！

因為有討厭的灰塵呀

疊放的棉被上有灰塵×

卓袱台（日式四腳餐桌）

用餐和寢室同一間

3

住宅

食寢分離

B（寢）

B（寢）　DK（食）

舊住宅公團2DK（40.6m²）

● 二戰前，西山夘三在1942年基於衛生考量，提倡食寢分離為最低限度條件。戰後舊住宅公團（昔日日本住宅的公營企業提供的社會住宅）發展為nDK形式的公營住宅。最初是沒有浴室的2DK，接著變成如左圖的平面，之後發展為3DK、3LDK、4LDK。（L：living room〔客廳〕，D：dining room〔餐廳〕，K：kitchen〔廚房〕）

參考資料：日本建築學會編《建築設計資料集成6 建築－生活》丸善，1981年

答案 ▶ ○

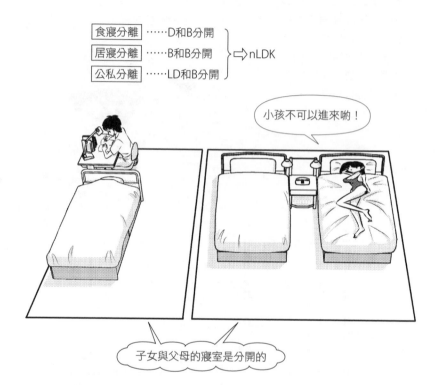

Q 居寢分離是指客廳等共同的空間與寢室等個人的空間分開。

A 居寢分離是指父母與子女的寢室分開，以及男孩與女孩的寢室分開（答案為×）。題目內容所指的是公私分離。

> 食寢分離 ……D和B分開　┐
> 居寢分離 ……B和B分開　├⇨nLDK
> 公私分離 ……LD和B分開 ┘

小孩不可以進來喲！

子女與父母的寢室是分開的

- 為了抗衡nLDK的做法，日本建築師戰後多方嘗試B、L、D、K一體化的空間結構。反對藉由中廊或走廊連結起nLDK的單調結構。廣泛使用挑高、差層、中庭等，甚至設計開放式浴室和廁所等。

答案 ▶ ×

Q 最小限度住宅是抽出生活中必要的最小限度要素來設計的住宅。

A 1950年代，日本建築師大量建造以必要的最小限度要素所打造的<u>最小限度住宅</u>（答案為○）。為了抗衡住宅公團的nDK計畫，追求開放空間的開放式計畫。這不僅符合戰後因空間狹小而不得不開放的狀況，也適合不以樣式表現取勝而重視空間結構的建築設計。

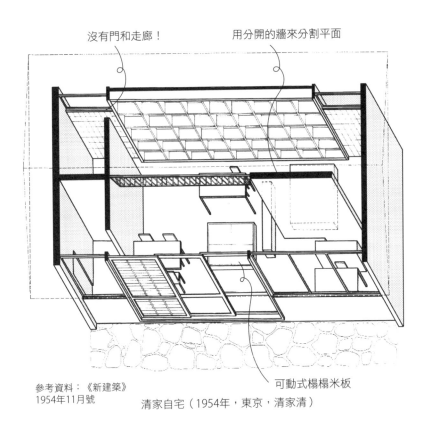

沒有門和走廊！　　　　　　用分開的牆來分割平面

參考資料：《新建築》
1954年11月號

可動式榻榻米板

清家自宅（1954年，東京，清家清）

- 上圖的清家自宅是箱型設計，巧妙利用非密閉的獨立牆來分割平面的同時，確保了XY方向的結構牆。沒有走廊和門的單間房，是開放式計畫的出色實例。關於日本的開放式計畫，拙著《20世紀的住宅》（20世紀の住宅，鹿島出版會，1994年）有詳盡的說明，敬請參閱。

答案 ▶ ○

打造挑高空間，即使是最小限度的樓地板面積，也能夠感覺寬敞。挑高設計的最小限度住宅，傑出作品眾多。

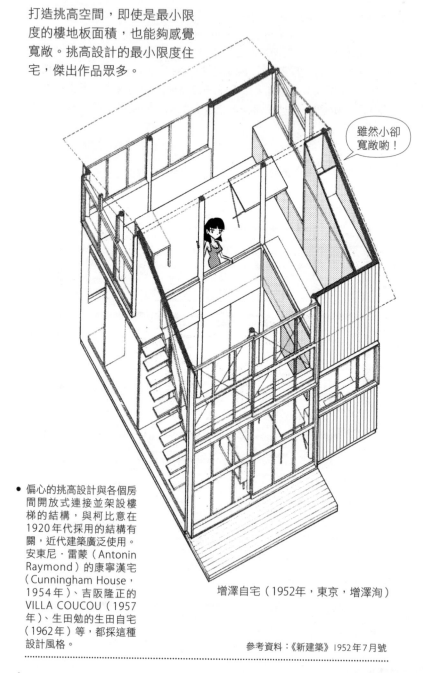

雖然小卻寬敞喲！

● 偏心的挑高設計與各個房間開放式連接並架設樓梯的結構，與柯比意在1920年代採用的結構有關，近代建築廣泛使用。安東尼·雷蒙（Antonin Raymond）的康寧漢宅（Cunningham House，1954年）、吉阪隆正的VILLA COUCOU（1957年）、生田勉的生田自宅（1962年）等，都採這種設計風格。

增澤自宅（1952年，東京，增澤洵）

參考資料：《新建築》1952年7月號

挑高設計的最小限度住宅，包括柯比意為工匠打造的住宅計畫案
（1924年）。以45°切開正方形，一側挑高，結構簡潔明快，令人印
象深刻。

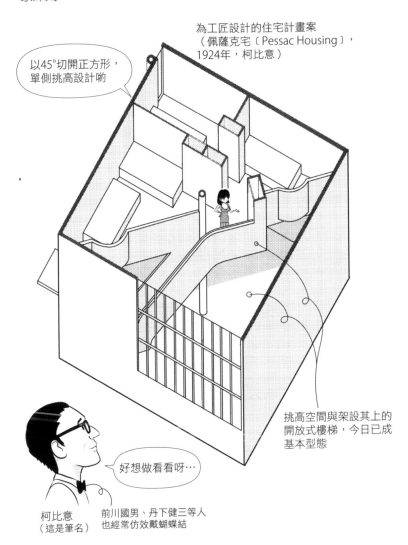

以45°切開正方形，
單側挑高設計喲

為工匠設計的住宅計畫案
（佩薩克宅〔Pessac Housing〕，
1924年，柯比意）

挑高空間與架設其上的
開放式樓梯，今日已成
基本型態

好想做看看呀…

柯比意
（這是筆名）

前川國男、丹下健三等人
也經常仿效戴蝴蝶結

3
住宅

參考資料：W. Boesiger編 "Le Corbusier" Artemis，1964

Q 以設備為核心的住宅核心計畫，可以將外圍區域設為居室空間。

A <u>core</u>是芯、核的意思，在建築中有將廁所、浴室等封閉空間集中在一處的設備核心，或將結構強度集中起來的結構核心。有些住宅會在設備核心的周圍配置居室，極致呈現這種設計方式的是密斯設計的法恩沃斯宅（Farnsworth House）（答案為○）。

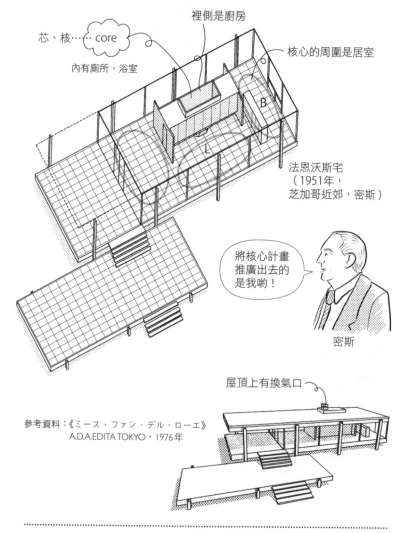

芯、核⋯⋯ core

內有廁所、浴室

裡側是廚房

核心的周圍是居室

B

L

法恩沃斯宅
（1951年，
芝加哥近郊，密斯）

將核心計畫
推廣出去的
是我喲！

密斯

屋頂上有換氣口

參考資料：《ミース・ファン・デル・ローエ》
　　　　　A.D.A.EDITA TOKYO，1976年

答案 ▶ ○

池邊陽設計的 No.20 是在 T 型平面的中央設置核心。改變山形屋頂的高度，裝設連通核心的窗戶。增澤洵設計的核心式 H 氏宅（1953年）、丹下健三設計的丹下自宅（1953年），以及林雅子設計的林自宅（1955年）等，都是核心計畫的範例。

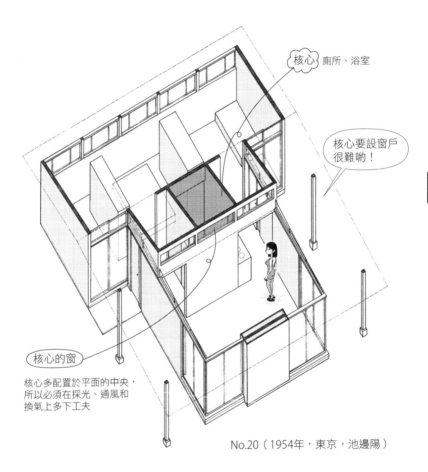

核心 廁所、浴室

核心要設窗戶很難喲！

3

住宅

核心的窗

核心多配置於平面的中央，所以必須在採光、通風和換氣上多下工夫

No.20（1954年，東京，池邊陽）

參考資料：《新建築》1954年11月號

Q 中庭式住宅是有以建築物或圍牆所圍出的中庭的住宅形式。

A court是中庭的意思，<u>中庭式住宅就是設有中庭的住家</u>（答案為○）。密斯在1930年代打造出許多中庭式住宅計畫，但對近現代中庭式住宅影響最大的，一般認為是柯比意的薩伏瓦別墅（1931年）。將整體輪廓的一部分挖空做為中庭，以居室或牆圍起，用大玻璃面將居住空間與中庭連為一體，至今仍廣泛用於住宅設計。

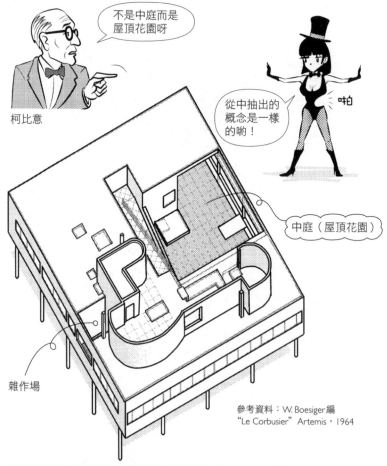

不是中庭而是屋頂花園呀

柯比意

從中抽出的概念是一樣的嘛！

啪

中庭（屋頂花園）

雜作場

參考資料：W. Boesiger編
"Le Corbusier" Artemis，1964

薩伏瓦別墅（1931年，巴黎近郊普瓦西鎮〔Poissy〕，柯比意）

答案 ▶ ○

1960 年代，日本建造了許多中庭式住宅。西澤文隆設計的「沒有正面的家」（正面のない家，1960 年），梁等間距，並排為格柵，配合格柵挖空形成中庭。外圍的牆，與其說是外壁，更像是與建築融為一體的牆壁。

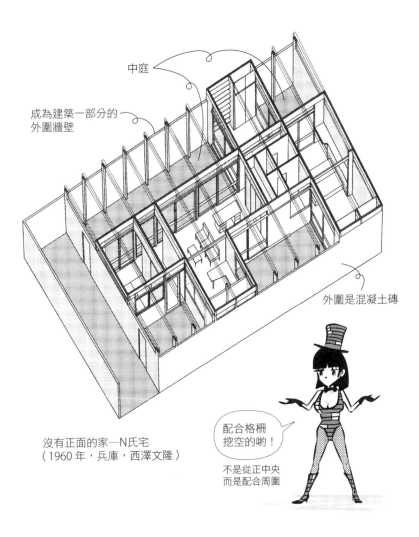

中庭

成為建築一部分的
外圍牆壁

外圍是混凝土磚

沒有正面的家—N氏宅
（1960 年，兵庫，西澤文隆）

配合格柵
挖空的喲！

不是從正中央
而是配合周圍

3

住宅

參考資料：《新建築》1961 年 1 月號

Q **1.** 住宅的工作間是為了有效率做家事而設置的。

2. 考量與工作間的動線，配置雜作場。

A <u>工作間（utility）</u>是進行除了烹飪之外的洗濯、熨燙衣物、寫家計簿等家事的房間，和曬衣服等的<u>雜作場（service yard）</u>及廚房相連的話，非常方便（**1**、**2**為○）。

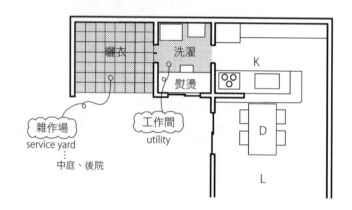

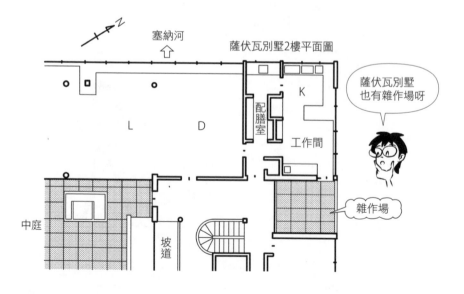

薩伏瓦別墅2樓平面圖

答案 ▶ **1.** ○　　**2.** ○

Q 為了讓地下室的居室能採光和通風，住宅計畫中設採光井，並設置面向此處的開口部。

....

A 住宅中位於地下室的居室，為了採光和通風，需要設置採光井（dry area）（答案為○）。日本建築基準法規定，只要符合一定條件，地下室可以不計入建坪。地下空間必須打造雙層牆來隔絕水或濕氣進入室內，萬一滲入也要能將其排出的設計。筆者以前設計的鋼筋混凝土造住宅建造地下工作室時，做了雙層牆，也裝設換氣扇，還是會聚集濕氣產生霉味，十分頭痛。然而，地下室冬暖夏涼，聽不到外界聲音非常安靜，最重要的是有樓地板面積限制寬鬆的一大優點。

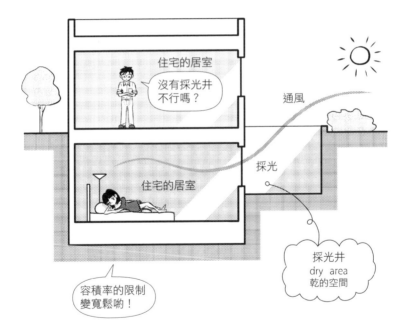

3

住宅

• 地下室面積不超出總樓地板面積的1/3的話，可以不計入建坪。詳見拙著《圖解建築法規入門》（ゼロからはじめる建築の〔法規〕入門）和《建築法規超級解讀術》（建築法規スーパー解読術，以上彰國社）。

....

答案 ▶ ○

Q 衣帽間是人能夠進出，收納衣物等的大型收納空間。

A 衣帽間的英文是walk-in closet，如字面所示，指能走入的衣櫥（答案為○）。狹小的日本住宅要規畫衣帽間是很困難的。下圖的布勞耶宅（Breuer House，1951年）是傑出的範例。

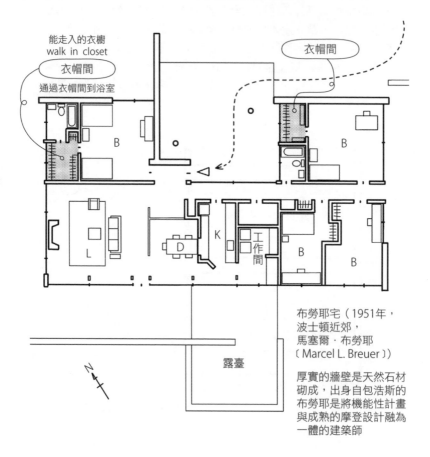

能走入的衣櫥
walk in closet

衣帽間

通過衣帽間到浴室

衣帽間

布勞耶宅（1951年，
波士頓近郊，
馬塞爾·布勞耶
〔Marcel L. Breuer〕）

厚實的牆壁是天然石材
砌成，出身自包浩斯的
布勞耶是將機能性計畫
與成熟的摩登設計融為
一體的建築師

露臺

N

參考資料：日本建築學會編《コンパクト建築設計資料集成〈住居〉》丸善，1993年

答案 ▶ ○

Q 為了方便在烹飪時與家人或訪客談話，廚房設為中島型。

A 廚房做成島狀，與牆壁隔開距離的配置，就是<u>中島廚房（island kitchen）</u>。想讓大家一起享受烹飪和用餐樂趣的設計（答案為○）。

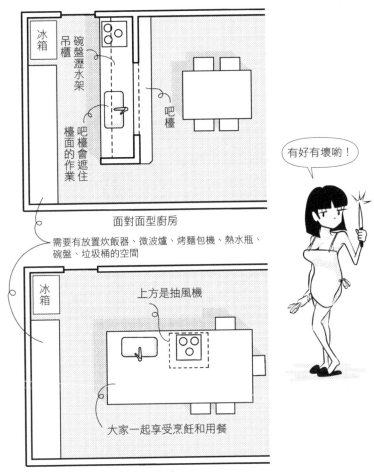

面對面型廚房

冰箱

吊櫃

碗盤瀝水架

吧檯會遮住檯面的作業

吧檯

需要有放置炊飯器、微波爐、烤麵包機、熱水瓶、碗盤、垃圾桶的空間

冰箱

上方是抽風機

大家一起享受烹飪和用餐

中島型廚房

有好有壞喲！

3

住宅

• 水槽完全開放的話，待洗的碗盤不能放置，必須隨時保持整潔，也有人提過這樣負面的評論。

答案 ▶ ○

東孝光設計的粟辻宅（1972年）將
廚房的水槽與桌面一體化，設置成
島狀。作業時的高度（約85cm）與
桌面高度（約70cm）的落差，將吧
檯做成斜面來抵消。現在一般是使
用吧檯用高椅來讓高度一致。

粟辻宅（1972年，東孝光）
參考資料：《新建築》1972年2月號

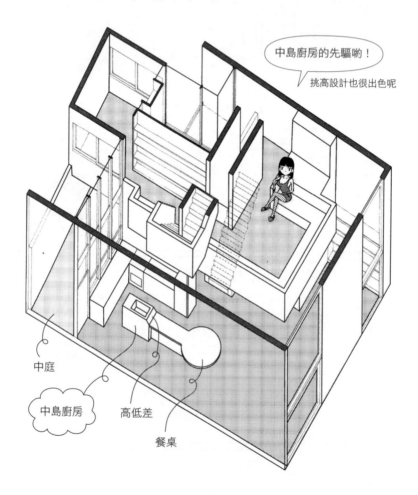

中島廚房的先驅喲！

挑高設計也很出色呢

中庭

中島廚房

高低差

餐桌

● 筆者與東孝光先生的女兒一起就讀研究所，所以有幸參觀東先生的許多住宅作
　品。粟辻宅等初期作品中，挑高和中庭的結構讓人想起查理士‧摩爾（Charles
　W. Moore），實顯秀逸。

Q 模矩配合是以模矩的尺度為基礎所制定的尺度體系。

....

A 模組（module）是做為基準的尺度，模矩配合（modular coordination）則是調整各部位尺寸來符合基準尺度。木造是用910mm格柵來架立柱或牆，此時模組就是910mm。模矩（modulor）是柯比意創造的尺度體系（答案為×）。

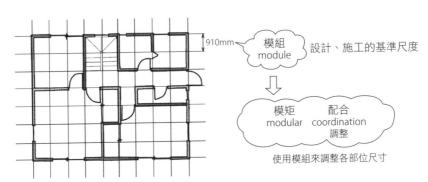

關於木造的3尺模組，請參見拙著《圖解木造建築入門》
（ゼロからはじめる「木造建築」入門）

....

模組一般是以正方形格柵組成，大大小小的雙畫格（double grid，
格子用雙重線畫以確保內部尺寸）常見於法蘭克・洛伊・萊特
（Frank Lloyd Wright）早期作品，以及路康等人的作品。此外，也經
常使用三角形、六邊形和平行四邊形格子。這裡以萊特的漢納宅
（Hanna House，1937年）為例，說明六邊形格子（蜂巢格子）。

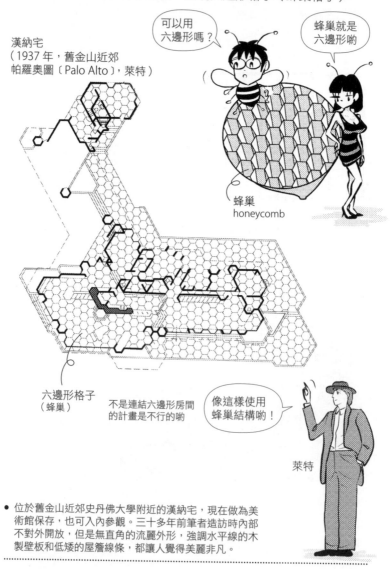

漢納宅
（1937年，舊金山近郊
帕羅奧圖〔Palo Alto〕，萊特）

可以用
六邊形嗎？

蜂巢就是
六邊形喲

蜂巢
honeycomb

六邊形格子
（蜂巢）

不是連結六邊形房間
的計畫是不行的喲

像這樣使用
蜂巢結構喲！

萊特

● 位於舊金山近郊史丹佛大學附近的漢納宅，現在做為美
術館保存，也可入內參觀。三十多年前筆者造訪時內部
不對外開放，但是無直角的流麗外形，強調水平線的木
製壁板和低矮的屋簷線條，都讓人覺得美麗非凡。

Q 排屋是各住戶彼此土地相連，並擁有專屬庭院。

A 整排建築縱向分隔的棟割長屋（江戶時代平民住宅），也就是所謂的<u>排屋（terrace house）</u>（答案為○）。日本建築基準法稱其為<u>長屋</u>。順帶一提，小公寓（apartment，アパート）、公寓大樓（mansion，マンション）等各住戶皆為一層的分層型公寓（flat），在日本建築基準法中屬於<u>共同住宅</u>。

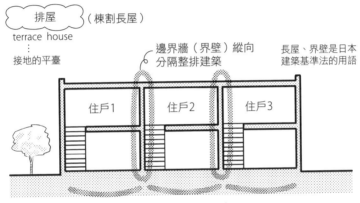

排屋（棟割長屋）

terrace house
⋮
接地的平臺

邊界牆（界壁）縱向分隔整排建築

長屋、界壁是日本建築基準法的用語

住戶1　　住戶2　　住戶3

各住戶彼此土地相連

4

集合住宅

各住戶擁有專屬庭院或露臺喲！

專屬庭院

● terra是拉丁文「大地」之意，terrace是接地的平臺。

答案 ▶ ○

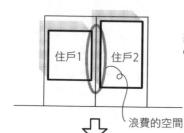

獨立住宅
detached house
（沒有〔de〕接觸〔touch〕的住宅）

浪費的空間

小規模獨立住宅並排設置，會造成空間的浪費喲

雙併住宅
排屋的一種
semi-detached house
（半獨立住宅）

19世紀以降，英國郊外大量興建

專屬庭院

排屋
terrace house
棟割長屋

row house
連棟住宅

專屬庭院

排屋構成的街區

有時是厚達90cm的紅磚牆
地板和屋頂是木造

- 排屋誕生於17世紀後半的英國。18世紀至19世紀，工業革命使人口集中於都市地區時期，以倫敦為中心，興建了大量排屋。相對於鄉村住宅（country house），排屋也稱為城市住宅（town house）。但town house一詞現在係指擁有共用庭院的連棟住宅（參見R105）。

18、19世紀倫敦興建的大量排屋，像獨棟住宅般確保獨立性的同時，也是密集配置的集合住宅。廚房和僕人房半地下化，挖出的土填成道路。隔著採光井，步道的下方設置儲放暖氣用煤炭的煤炭庫。打開步道上的孔蓋，就能從上方放入煤炭。從連接步道的梯橋進入玄關。客廳和步道以採光井隔開，維護隱私又防盜。

倫敦的代表性排屋（18、19世紀）

4
集合住宅

排屋維護隱私、通風又具接地性等，實現近似獨棟住宅的居住性。
然而，19世紀在地方性工業區為勞工興建的排屋，住戶相互背
對，沒有採光井或後院，環境惡劣。

19世紀英國
勞工住宅

背對式排屋
(back to back)
背對背

Q 1. 街屋是接地型連棟住宅中，以共用庭院（共用空間）為中心來配置住戶的形式。

2. 共用通路是居住者經由共用庭院進入各住戶，方便促進居住者相互交流。

A 接地型連棟住宅中，有共用庭院的稱為<u>街屋（town house）</u>（**1**為○）。經由共用庭院進入各住戶的形式稱為<u>共用通路（common access）</u>，這種形式被認為能夠促進居住者相互交流（**2**為○）。

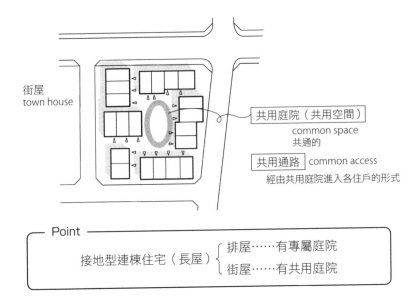

街屋
town house

共用庭院（共用空間）
common space
共通的

共用通路　common access
經由共用庭院進入各住戶的形式

Point

接地型連棟住宅（長屋）｛排屋……有專屬庭院
　　　　　　　　　　　 街屋……有共用庭院

- town house 直譯是市鎮的房屋，名稱相對於貴族經營農地用的鄉村住宅。現在有時也將排屋或公寓稱為街屋。日本的建築計畫是如上述，區別排屋和街屋。1、2 樓不同住戶，由外部樓梯直接進入各住戶的形式（<u>重層長屋</u>），廣義上有時也被歸為排屋或街屋。

答案 ▶ 1. ○　**2.** ○

4
集合住宅

Q 町屋是敷地深長，各房間配置都面向從入口通往深處的通行穿庭的傳統住宅形式。

....

A 京都、大阪等地常見的江戶時代町屋，相對於敷地比例，其正面寬度窄、縱深長，房間都面向通往深處的細長土間＝通行穿庭，克服敷地的不良條件（答案為○）。與隔鄰一牆相接的町屋，也是一種連棟住宅。

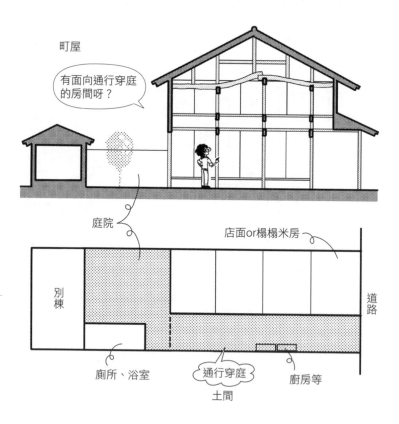

町屋

有面向通行穿庭的房間呀？

庭院

店面or榻榻米房

別棟

道路

廁所、浴室

通行穿庭
土間

廚房等

....

• 在日本的法令中，町屋和排屋都屬於「長屋」。町屋直譯是街屋，但建築計畫中的街屋是指有共用空間的連棟住宅（參見R105）。

....

答案 ▶ ○

Q 共同住宅是與排屋、街屋相比，土地使用密度高，最底層除外的非接地型住宅。

A 如一般所謂的小公寓、公寓大廈等，住戶多層居住的類型，稱為<u>共同住宅</u>。不像連棟住宅（長屋）講求接地性或獨立性，也有樓上噪音的問題（答案為○）。

小公寓（租賃）

共同住宅

樓上住著其他人的話…

噪音問題

公寓大廈（分售）

接地性低

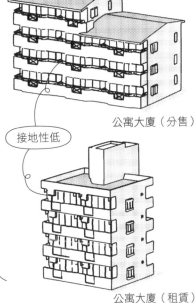

公寓大廈（租賃）

4

集合住宅

Q 單邊走廊型共同住宅的各住戶居住性均一，但居室設於共用走廊側時，較難確保居室的隱私。

....

A 許多共同住宅是在北側設外走廊的<u>單邊走廊型</u>。北側居室的窗戶設在單邊走廊側，以便採光、換氣和通風。因此，很難確保隱私（答案為○）。

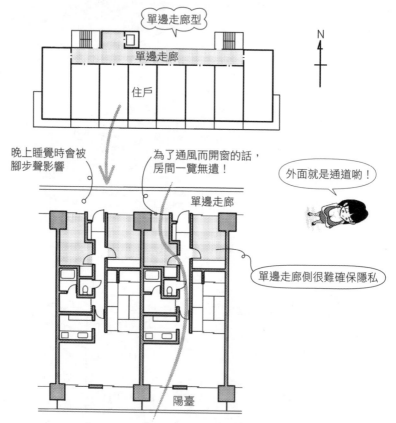

veranda（陽臺）：有屋頂的突出平臺
balcony（露臺）：沒有屋頂的突出平臺
roof balcony、roof terrace（屋頂露臺）：屋頂上的露臺式平臺
terrace（露臺）：地面上的平臺

陽臺和露臺會混用。

....

答案 ▶ ○

Q 集合住宅為了避免影響共用通道的通行，各住戶玄關前設置凹室。

....

A 共用走廊緊連住戶的玄關，住家與共用空間過於緊鄰，外開門會影響通行，成為缺點之一。藉由打造牆稍微內凹的凹室（alcove），拉開與住戶的距離的同時，開門也不會造成困擾（答案為○）。

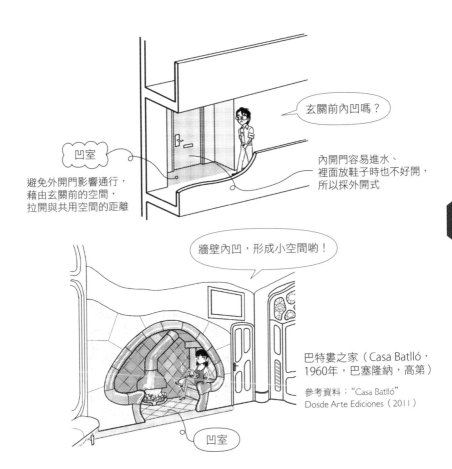

玄關前內凹嗎？

凹室

避免外開門影響通行，
藉由玄關前的空間，
拉開與共用空間的距離

內開門容易進水、
裡面放鞋子時也不好開，
所以採外開式

4

集合住宅

牆壁內凹，形成小空間喲！

巴特婁之家（Casa Batlló，
1960年，巴塞隆納，高第）

參考資料："Casa Batlló"
Dosde Arte Ediciones（2011）

凹室

• alcove 原指牆面的拱狀、拱頂狀或圓頂狀的凹陷。現為牆壁內凹所形成的小空間總稱。

....

答案 ▶ ○

Q 客廳出入型共同住宅，一般為了積極展現出各住戶的風貌，客廳或餐廳配置於共用走廊側。

A 北側若為單邊走廊，玄關總讓人感覺像是後門。從南側、客廳餐廳側進入的客廳出入型，能在共用走廊側表現出生活氛圍。為了確保隱私，可以將地板高程設得比共用走廊高，或者屋內配置挑高空間等（答案為○）。

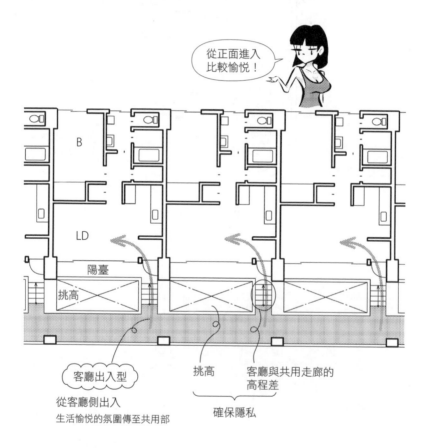

從正面進入比較愉悦！

B

LD

陽臺

挑高

客廳出入型
從客廳側出入
生活愉悦的氛圍傳至共用部

挑高

客廳與共用走廊的高程差

確保隱私

答案 ▶ ○

Q 樓梯間型比單邊走廊型更容易確保北側居室的隱私。

....

A 走樓梯上樓之後往左右分開進入的樓梯間型，北側沒有走廊，所以容易確保北側居室的隱私（答案為○）。1樓的居室因為高出半層樓，位置比站在地面上的視線高，是不容易看到內部的設計。

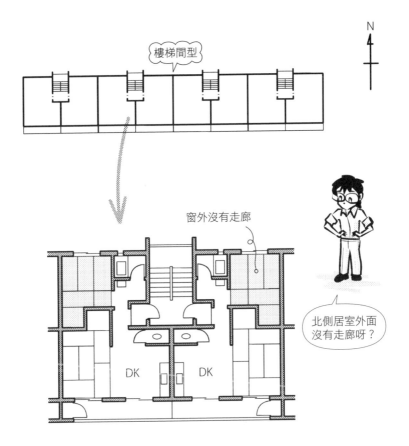

N

樓梯間型

窗外沒有走廊

北側居室外面沒有走廊呀？

舊住宅公團2DK（40.6m²）
2戶1組型的平面

…像棒球的投手和捕手是兩人一組，合稱battery（投捕），所以亦稱battery type

4

集合住宅

....

參考資料：日本建築學會編《建築設計資料集成6 建築－生活》丸善，1981年

....

答案 ▶ ○

Q 一般而言，單邊走廊型的每部電梯單位住戶數比樓梯間型更多。

....

A 以1層8戶的5層樓共同住宅，來計算每部電梯單位住戶數。單邊走廊型是每部電梯40戶（設置2部電梯則是20戶），樓梯間型是每部電梯10戶。以單邊走廊連結許多住戶的單邊走廊型，每部電梯單位住戶數較多（答案為○）。

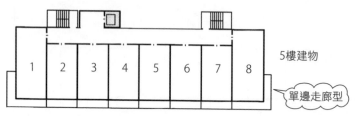

5樓建物

單邊走廊型

- 每部電梯　8戶×5樓＝40戶
- 如果有2部電梯

$$每部電梯\frac{（8戶×5樓）}{2}＝20戶$$

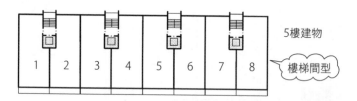

5樓建物

樓梯間型

- 每部電梯　2戶×5樓＝10戶

樓梯間型的電梯使用效率較差呀？

....

答案 ▶ ○

Q 差層型是不經由共用走廊，可設置鄰接外氣的雙向開口部住戶形式。

....

A 差層型（skip floor）如下所示，每隔幾層建造共用走廊，其上下樓層以樓梯出入，結合單邊走廊型與樓梯間型的類型。雖然有部分樓層電梯不停的缺點，但以樓梯出入的住戶北側居室不會有共用走廊，可設開口，還有縮小共用部面積等優點（答案為○）。

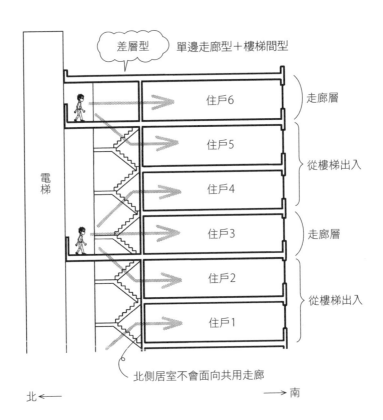

差層型　單邊走廊型＋樓梯間型

走廊層

從樓梯出入

走廊層

從樓梯出入

電梯

住戶6
住戶5
住戶4
住戶3
住戶2
住戶1

北側居室不會面向共用走廊

北←　　　　　　　　→南

4

集合住宅

....

答案 ▶ ○

Q 一般而言，差層型從電梯到各住戶的動線會變長。

....

A 差層型有住戶使用樓梯出入，所以動線長，缺點是拿著東西上下樓很不方便（答案為○）。東京晴海高層公寓（1958年）是差層型的巨大共同住宅（169戶）。清水混凝土和突出的露臺所形成的造形，複雜的出入方式，讓人想起柯比意的馬賽公寓（Unité d'Habitation）。

單邊走廊型
3、6、9樓

樓梯間型
4、5、7、8、10樓

單邊走廊

單邊走廊

單邊走廊

單邊走廊

樓梯間

3層6住戶
為1單位

平面圖

晴海高層公寓（1958年，1997年拆除，前川國男）

....

參考資料：日本建築學會編《建築設計資料集成〔居住〕》丸善，2001年

....

答案 ▶ ○

Q 中間走廊型的住戶棟多配置南北軸向。

....

A 中間走廊型住戶棟如果配置東西軸向，一半的住戶會變成北向。因此，住戶棟置於南北軸向，住戶一般是東西向（答案為○）。

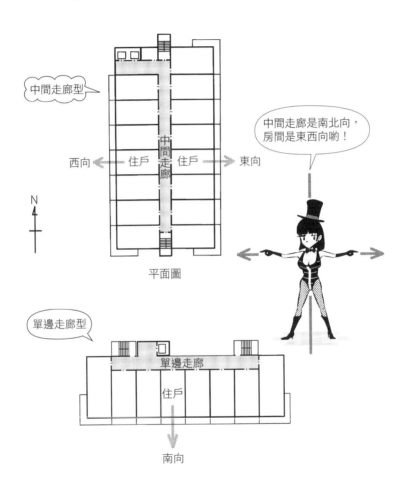

中間走廊型

中間走廊是南北向，房間是東西向唷！

西向 ← 住戶　住戶 → 東向

中間走廊

N

平面圖

單邊走廊型

單邊走廊

住戶

南向

● 柯比意設計的馬賽公寓是建物南北軸向，房間東西向。訪問一住戶，對方對於南側無窗而東西設窗並沒有不滿。除了地中海沿岸氣候乾燥這項要素，設計樓中樓（maisonette），讓各住戶東西兩方向皆設窗，也是一大要點（參見次頁）。

....

答案 ▶ ○

中間走廊型的缺點是窗戶只東向或西向，但柯比意設計的馬賽公寓藉由交錯組合樓中樓型住戶（跨樓層的住戶），讓每戶住居在東西兩方向皆設窗。為了解決正面寬度狹窄的問題，在窗邊設計挑高。

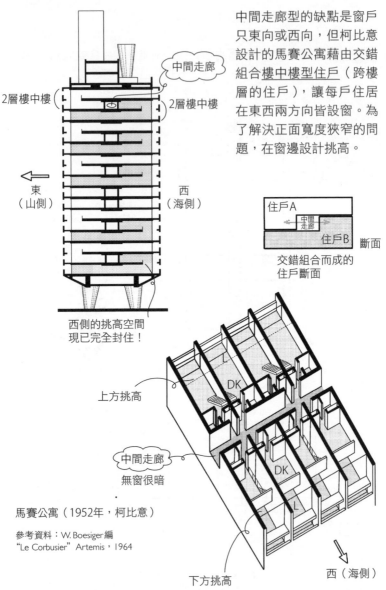

中間走廊

2層樓中樓

2層樓中樓

東
（山側）

西
（海側）

西側的挑高空間
現已完全封住！

住戶A

中間走廊

住戶B　斷面

交錯組合而成的
住戶斷面

上方挑高

DK

中間走廊

無窗很暗

DK

L

L

馬賽公寓（1952年，柯比意）

參考資料：W. Boesiger編
"Le Corbusier" Artemis，1964

下方挑高

西（海側）

這裡的挑高空間現已封住，上層的餐廳、廚房與下層的客廳連接不佳，
使用可能不便

● 馬賽公寓有可付費參觀的住戶，中間樓層的旅館也可住宿。

Q 一般而言，中間走廊型比樓梯間型難確保通風和日照。

....

A 中間走廊型因為風不容易流過中間走廊，通風不佳，而且住戶東西
向，日照也不良（答案為○）。另一方面，<u>樓梯間型</u>不管是日照、
通風或北側居室的隱私都能確保。

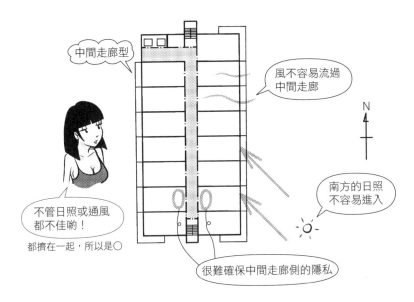

中間走廊型

風不容易流過
中間走廊

N

不管日照或通風
都不佳喲！

都擠在一起，所以是○

南方的日照
不容易進入

4

集合住宅

很難確保中間走廊側的隱私

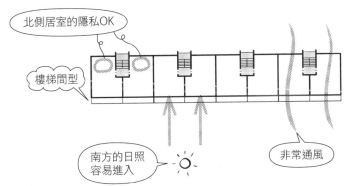

北側居室的隱私OK

樓梯間型

南方的日照
容易進入

非常通風

....

答案 ▶ ○

Q 1. 雙走廊型是讓兩條主要走廊直角交叉的平面型態。

　　2. 一般而言，雙走廊型比中間走廊型容易通風換氣。

A 雙走廊型是走廊平行並置，中央做為外部的形式（**1**為 ×）。與中間走廊型不同之處是，內側也有外部空間，空氣容易流通（**2**為○）。

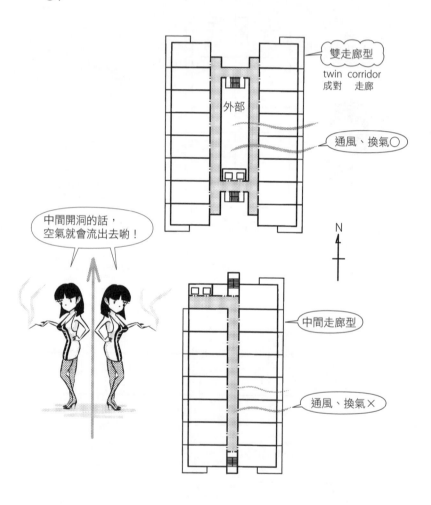

中間開洞的話，空氣就會流出去喲！

外部

雙走廊型
twin　corridor
成對　走廊

通風、換氣○

N

中間走廊型

通風、換氣×

答案 ▶ 1. ×　2. ○

Q 1. 集中型比單邊走廊型更能減少走廊等共用部分的面積。
　　2. 點式住宅是以樓梯、電梯做為核心，周圍配置住戶的塔式集合住宅。

A 住戶集中配置在共用樓梯、共用電梯周圍的形式是<u>集中型</u>。相對於板狀的大區域住戶棟，形成點狀（point），所以稱為<u>點式住宅</u>。星狀配置稱為<u>星式住宅</u>，外觀呈塔狀則稱為<u>塔式住宅</u>（**2**為○）。與單邊走廊相比，共用走廊較短，減少共用部分面積（**1**為○）。另一方面，南向住戶少，缺點是避難時集中在中央等等。

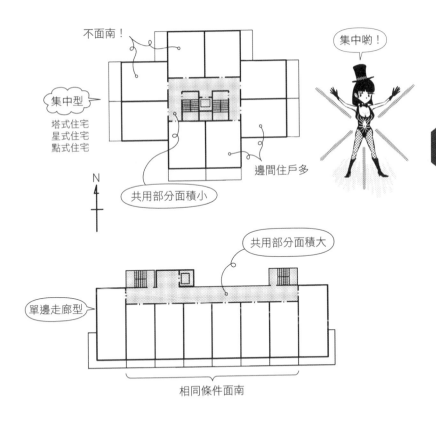

N

4

集合住宅

Q 一般而言，集中型比單邊走廊型容易實行避難計畫。

A 圍繞共用樓梯配置的集中型，是很難雙向逃生的設計（答案為
×）。單邊走廊型只要在走廊的東西兩端設置共用樓梯，很容易進
行雙向逃生。

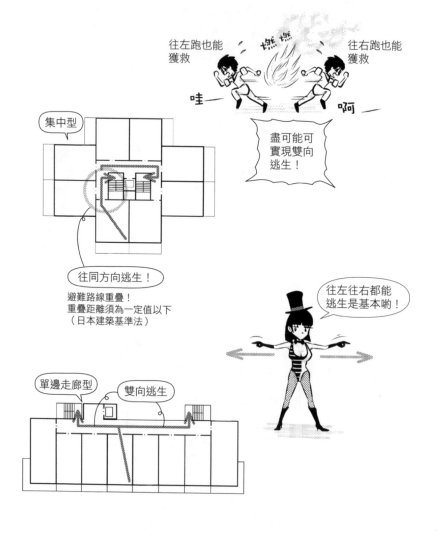

往左跑也能
獲救

往右跑也能
獲救

哇

啊

盡可能可
實現雙向
逃生！

集中型

往同方向逃生！

避難路線重疊！
重疊距離須為一定值以下
（日本建築基準法）

往左往右都能
逃生是基本喲！

單邊走廊型　雙向逃生

答案 ▶ ×

Q 樓中樓型是各住戶2層以上所構成的住戶形式，不適用於專用面積
小的住戶。

. . . .

A 住戶只有單層所構成的形式是<u>分層型</u>，2層以上構成的是<u>樓中樓</u>
<u>型</u>。樓中樓型住戶內要有樓梯，不適用於小型住戶（答案為○）。
位於沒有共用走廊樓層的樓中樓型，容易確保北側居室的隱私。

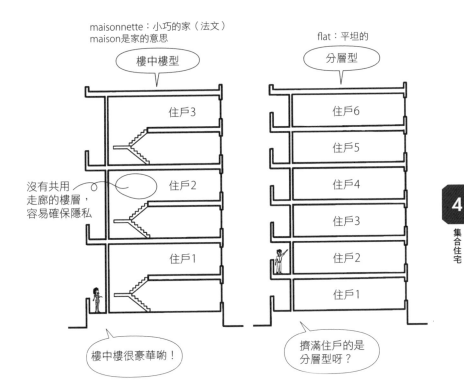

maisonnette：小巧的家（法文）
maison是家的意思

樓中樓型

flat：平坦的

分層型

沒有共用
走廊的樓層，
容易確保隱私

樓中樓很豪華喲！

擠滿住戶的是
分層型呀？

4

集合住宅

Q 一般而言，樓中樓型比分層型更能縮減共用部分的通道面積。

....

A 樓中樓型和差層型一樣，可以隔1、2層才設置共用走廊，所以與單邊走廊型等的分層型相比，可以縮減共用部分的面積（答案為○）。

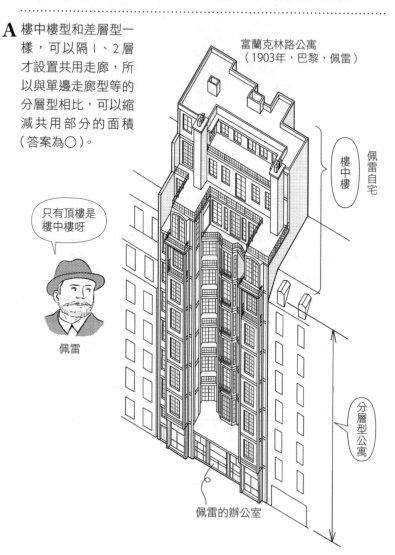

富蘭克林路公寓
（1903年，巴黎，佩雷）

樓中樓 ｝ 佩雷自宅

只有頂樓是
樓中樓呀

佩雷

分層型公寓

佩雷的辦公室

....

• 奧古斯特・佩雷（Auguste Perret）設計的富蘭克林路公寓（Rue Franklin Apartments，1903年），以最早期的鋼筋混凝土造都市型集合住宅聞名。1樓是自用辦公室，頂樓是自宅，其他樓層做為出租公寓，所以佩雷也是不動產業者。從欣賞艾菲爾鐵塔的最佳景點夏樂宮（Palais de Chaillot）露臺，走路5分鐘左右。巴黎舊市街的集合住宅，很少像倫敦的排屋形式，幾乎都是分層型。

....

答案 ▶ ○

Q 合作住宅是希望入住者集結組成合作社，從企畫、設計到入住、管理，協力運作的方式。

....

A 組成合作社（cooperative），進行購買土地、企畫、設計、施工、入住到管理的工作，或依此形成的共同住宅，稱為<u>合作住宅（housing cooperative）</u>（答案為○）。

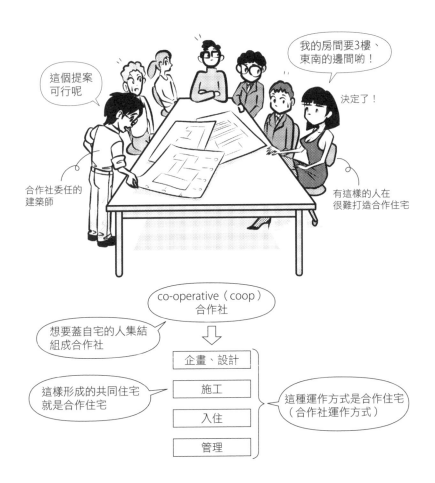

....

答案 ▶ ○

Q 共居住宅是尊重個人隱私的同時，共同分擔育兒或家事等作業，相
互扶持的服務與住宅組合而成的型態。

A 共居住宅（collective house）直譯是「共同的家」，有共用廚房、共
用餐廳、共用洗衣間、共用育兒室等的共同住宅。起源於北歐，構
想是做為雙薪家庭、單親媽媽、單身高齡者等相互幫助共同生活的
場所（答案為○）。

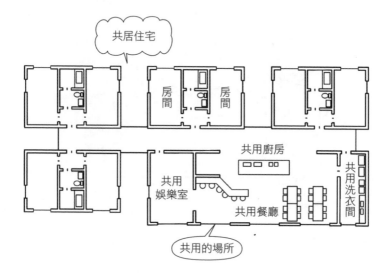

- 合作住宅、共居住宅容易搞混，所以從生協（日本的
  生活協同組合）的 coop 來記住合作（coop）住宅。

用coop來記喲！

```
┌── Point ──────────────────────────────────────

      合作住宅　……組成合作社「coop」
      co-operative

      共居住宅　……有共用的場所
      collective

```

答案 ▶ ○

Q SI工法是將結構體和共用設備部分，與住戶專用的內裝和設備分開，以提高耐久性、更新性和可變性的方式。

A 骨架（skeleton）由業者打造，決定入住者後，依入住者的要求來設計施工內裝和設備（infill），這種兩階段的供應方式稱為SI工法（答案為○）。

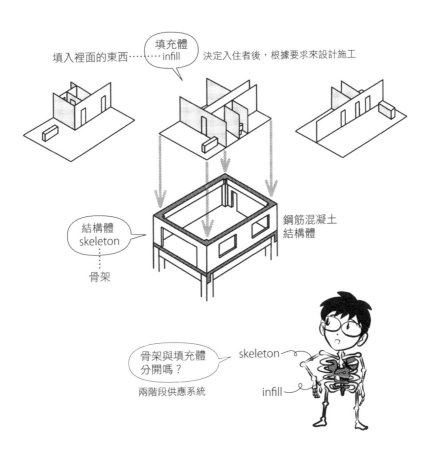

填入裡面的東西……

填充體 infill

決定入住者後，根據要求來設計施工

結構體 skeleton

……
骨架

鋼筋混凝土
結構體

4

集合住宅

骨架與填充體
分開嗎？

兩階段供應系統

skeleton

infill

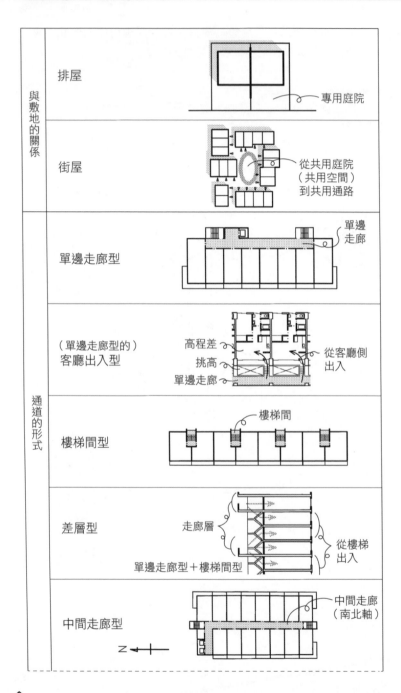

與敷地的關係	排屋	專用庭院
	街屋	從共用庭院（共用空間）到共用通路
通道的形式	單邊走廊型	單邊走廊
	（單邊走廊型的）客廳出入型	高程差 挑高 單邊走廊 從客廳側出入
	樓梯間型	樓梯間
	差層型	走廊層 單邊走廊型＋樓梯間型 從樓梯出入
	中間走廊型	中間走廊（南北軸）Z

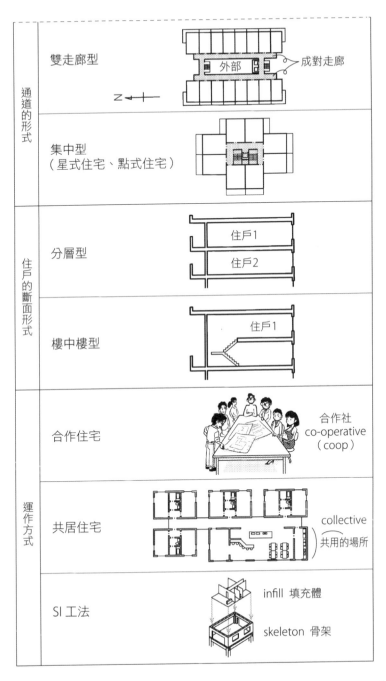

通道的形式	雙走廊型	外部　成對走廊
	集中型 （星式住宅、點式住宅）	
住戶的斷面形式	分層型	住戶1 住戶2
	樓中樓型	住戶1
運作方式	合作住宅	合作社 co-operative （coop）
	共居住宅	collective 共用的場所
	SI 工法	infill 填充體 skeleton 骨架

4

集合住宅

Q 考量正面寬度狹窄且縱深長的住戶內部舒適度，設置光井。

. . . .

A 光井（light well）直譯是「光的井」，引入光或空氣用的井狀小中庭，有時也稱為光庭（light court）。日式坪庭（小型園林庭院）的現代版。有助於深處房間、廁所、浴室、廚房和樓梯間等的採光、換氣和通風（答案為○）。

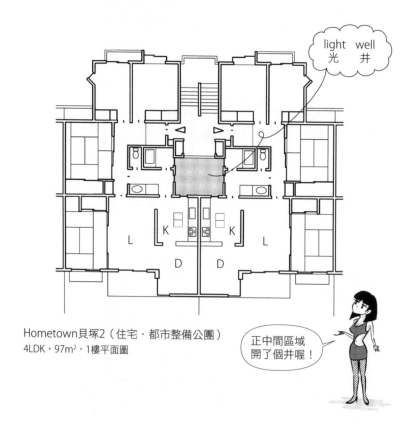

light well
光　井

Hometown貝塚2（住宅‧都市整備公團）
4LDK，97m²，1樓平面圖

正中間區域
開了個井喔！

. . . .

參考資料：日本建築學會編《コンパクト 設計資料集成〈住居〉》，丸善，1991年

答案 ▶ ○

Q 客廳露臺是從客廳延伸出去所形成的大型露臺。

....

A 縱深1m左右的露臺，頂多是曬衣物棉被或放置空調室外機。2〜
3m的話，可做為半戶外的客廳使用，稱為客廳露臺（living balco-
ny）。但必須考量如何遮蔽外部或鄰居的視線（答案為○）。

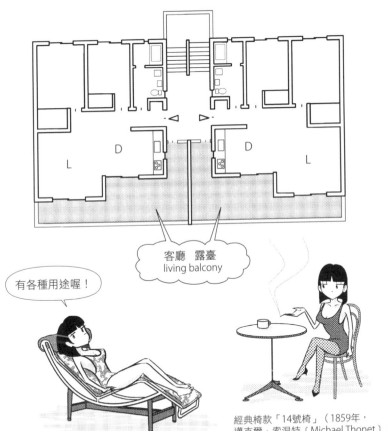

客廳　露臺
living balcony

有各種用途喔！

長椅是「LC4躺椅」（1928年，柯比意）

經典椅款「14號椅」（1859年，
邁克爾‧索涅特〔Michael Thonet〕）

4

集合住宅

柯比意設計的「別墅大樓」（Im-
meuble-villas），住戶露臺是被L
型2層挑高所包圍的巨大空間。
和馬賽公寓一樣，建物配置南
北軸向，住戶是東西向。

別墅大樓計畫
（1922年，柯比意）

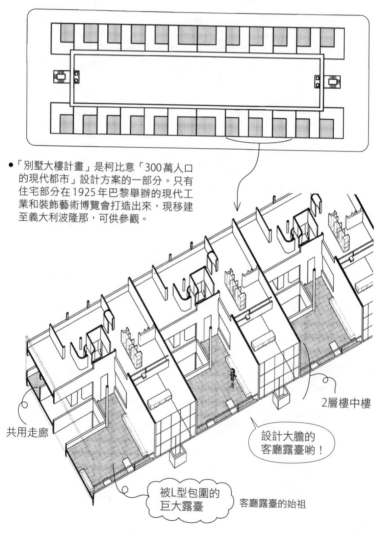

● 「別墅大樓計畫」是柯比意「300萬人口
　的現代都市」設計方案的一部分。只有
　住宅部分在1925年巴黎舉辦的現代工
　業和裝飾藝術博覽會打造出來，現移建
　至義大利波隆那，可供參觀。

2層樓中樓

設計大膽的
客廳露臺喲！

共用走廊

被L型包圍的
巨大露臺

客廳露臺的始祖

Q 群落生境的意思是野生生物的棲息空間，意指復原生物能夠棲息的
水域等自然環境，以及該地點。

....

A 將生物（bio）的棲息之地（希臘文topos為地點之意）復原為接近
自然形態的水域或其周圍的綠地等，稱為群落生境（biotope）（答
案為○）。大型集合住宅的共用空間等場所，逐漸採用群落生境的
做法。

bio（生物）＋ topos（地點）⇨ 群落生境 biotope

4
集合住宅

草

砂石
土

水草

接近自然形態喲！　　不做混凝土
護岸

....

Q 無障礙設計的概念比通用設計更廣。

A <u>無障礙（barrier free）是去除（free）障礙（barrier）的意思</u>。在集合住宅中，共用玄關前的高低差設坡道、設置電梯、消除住戶玄關門檻條或邊框的高低差等（參見 R042）。通用設計（universal design）則是指所有人都能使用的設計，比無障礙設計更廣泛應用（答案為×）。

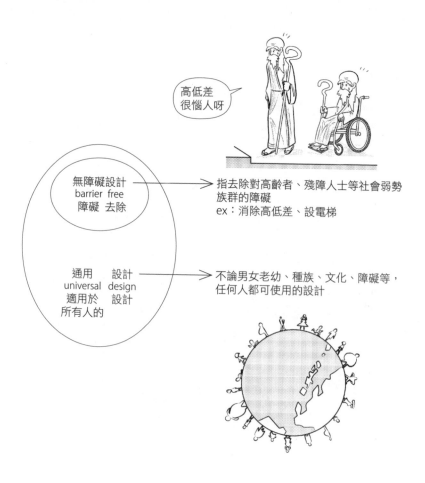

高低差
很惱人呀

無障礙設計
barrier free
障礙　去除
→ 指去除對高齡者、殘障人士等社會弱勢族群的障礙
ex：消除高低差、設電梯

通用　　設計
universal design
適用於　設計
所有人的
→ 不論男女老幼、種族、文化、障礙等，任何人都可使用的設計

答案 ▶ ×

Q 集合住宅鋼筋混凝土造的露臺，可防止下層延燒。

A 住戶相互之間的樓板和牆都設防火區劃，如果露臺和屋簷、翼牆（wing wall）的突出部、層窗間牆（spandrel，上下窗戶間的牆）等也有防火區劃，更不容易延燒（答案為○）。根據日本建築基準法，為了防止延燒，住戶間開設窗戶的間隔和屋簷的突出尺寸等，都有相關規定。

露臺的突出部可防止下層延燒！

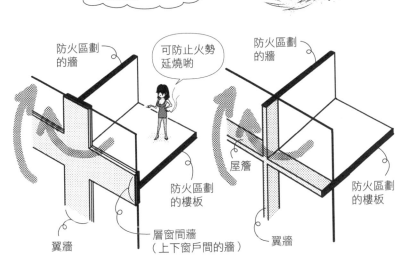

可防止火勢延燒喲

防火區劃的樓板

防火區劃的牆

防火區劃的樓板

層窗間牆（上下窗戶間的牆）

翼牆

防火區劃的牆

屋簷

翼牆

防火區劃的樓板

Q 集合住宅考量火災時雙向逃生，各住戶皆設露臺。

....

A 如圖所示，設具避難功能的露臺，就算只有一座樓梯，有時也能雙向逃生（答案為○）。

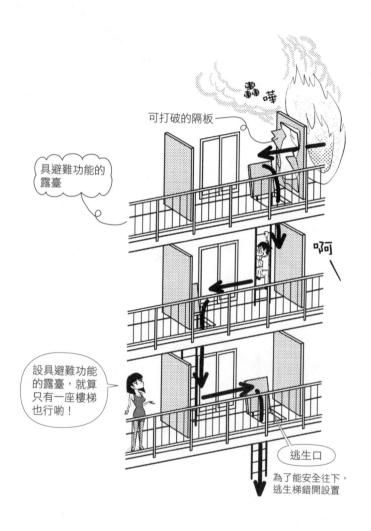

可打破的隔板

轟嘩

具避難功能的露臺

啊

設具避難功能的露臺，就算只有一座樓梯也行喲！

逃生口

為了能安全往下，逃生梯錯開設置

....

答案 ▶ ○

Q 為了不讓孩童爬上露臺扶手的欄杆，設計為縱向並排且內部尺寸為11cm以下。

A

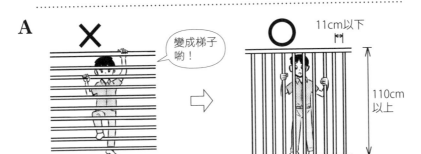

11cm以下

110cm以上

變成梯子喲！

如果扶手設橫向欄杆，孩童會像爬梯子一樣爬上去，所以做成縱向。<u>高度為110cm以下</u>（日本建築基準法），且規定縱向欄杆的<u>間距是內部尺寸11cm以下</u>（答案為○）。

若希望設計成線條少又俐落的風格，可以在高度80cm左右的腰壁上設置橫向扶手，扶手整體裝設厚6～12mm左右的強化玻璃等。

就像船隻甲板一樣

這樣的橫向扶手很危險喔！

約30mmφ
約45mmφ

薩伏瓦別墅
（1931年，巴黎近郊普瓦西鎮，柯比意）
往3樓的坡道扶手管徑尺寸為實地測量

4

集合住宅

答案 ▶ ○

Q 事務所的出租：
1. 樓層出租是以層為單位來租賃的形式。
2. 隔間出租的非收益部分面積比區塊出租小。

A 整層樓出租給單一公司是<u>樓層出租</u>（**1**為○），將樓層分成幾個區塊分別出租是<u>區塊出租</u>，以隔間為單位出租則是<u>隔間出租</u>。以隔間為單位出租，共用走廊（非收益部分）的面積通常比較大（**2**為×）。此外，也有將整棟建物出租的<u>整棟出租</u>。

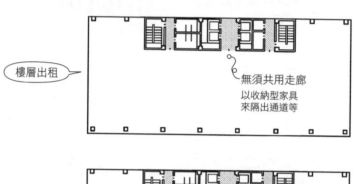

樓層出租

無須共用走廊
以收納型家具
來隔出通道等

區塊出租

區塊　　　共用走廊

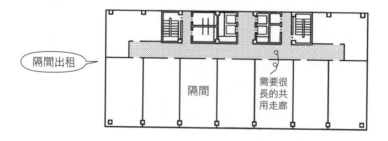

隔間出租

隔間　　　需要很長的共用走廊

Q 事務所的出租：

  1. 出租容積率是非收益部分樓地板面積與收益部分樓地板面積的比率。

  2. 以建坪來看，出租容積率一般是65～75%。

  3. 以標準層來看，出租容積率一般是75～85%。

....

A 來複習出租容積率吧（參見R074～R075）。可以（able）出租（rent）的樓地板面積占總樓地板面積的比率是出租容積率，為出租大樓的重要指標。總樓地板面積是以標準層（標準平面樓層）來看，還是以建物總建坪來看，會有10%左右的差距。辦公大樓出租容積率，以建坪來看是65～75%，以標準層來看是75～85%（**1**為✕，**2**、**3**為○）。出租容積率的分母是標準層的樓地板面積，還是建坪，差距為10%。

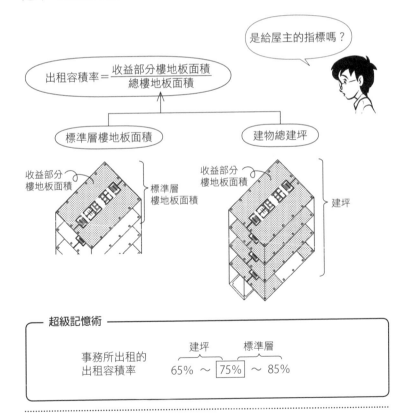

是給屋主的指標嗎？

$$出租容積率 = \frac{收益部分樓地板面積}{總樓地板面積}$$

標準層樓地板面積   建物總建坪

收益部分樓地板面積   標準層樓地板面積   收益部分樓地板面積   建坪

5

辦公室

超級記憶術

事務所出租的出租容積率   建坪   標準層

65% ～ 75% ～ 85%

....

答案 ▶ 1. ✕   **2.** ○   **3.** ○

Q 設備層是指電氣或空調機械等設備房集中的樓層。

....

A 辦公大樓的規模越大,設備空間也會越大,所以地下室等樓層做為
設備層,把設備集中起來(答案為○)。若是高層建物,有時中間
樓層也會做為設備層。

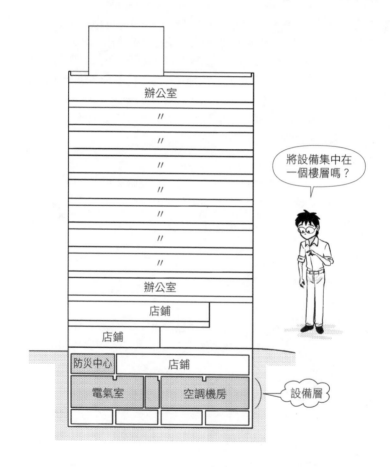

....

答案 ▶ ○

Q 辦公大樓計畫若使用模矩配合，工作空間的規畫可以標準化和合理化。

....

A 用<u>模組</u>（基準尺度）來分割平面，組合柱、牆等，可以讓規畫標準化和合理化。這稱為<u>模矩配合</u>（答案為○）。辦公大樓常用 3.2m、3.6m 等模組。照明器具、空調出風口或回風口等，也有許多配合模組的系統天花（system ceiling）現成品。地下停車場的柱子雖然會加寬，如果是 3.2m 或 3.6m 的模組，還是可以容納進去。

大型辦公大樓平面圖

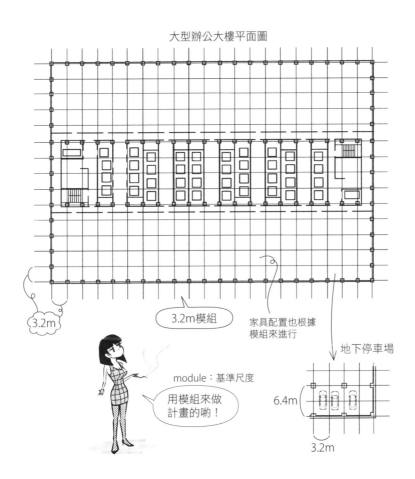

(3.2m)

3.2m模組

家具配置也根據
模組來進行

地下停車場

module：基準尺度

用模組來做
計畫的喲！

6.4m

3.2m

5
辦公室

....

答案 ▶ ○

Q 辦公大樓的模組除了考量結構和美學設計，也依各種設備機器的配置來決定。

....

A 如下圖所示，照明、空調、灑水器等也依模組來配置的<u>系統天花</u>，大型辦公大樓經常採用（答案為○）。

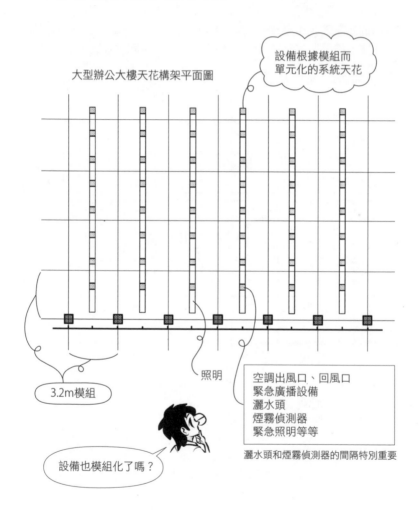

設備根據模組而單元化的系統天花

大型辦公大樓天花構架平面圖

3.2m模組

照明

空調出風口、回風口
緊急廣播設備
灑水頭
煙霧偵測器
緊急照明等等

灑水頭和煙霧偵測器的間隔特別重要

設備也模組化了嗎？

....

答案 ▶ ○

Q 大型辦公大樓家具的配置也根據模組來進行，就能將工作空間的規畫標準化和合理化。

....

A 家具配置也配合模組的話，與設備的連結會更好，更便利（答案為○）。預定向其採購的家具商有時也會提供配置範例。

家具也考量模組來配置喲！

電線、LAN纜線等也方便取出

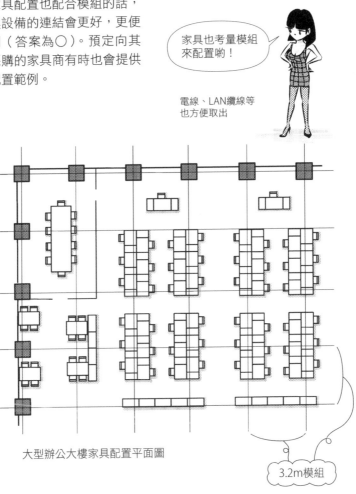

大型辦公大樓家具配置平面圖

3.2m模組

5

辦公室

....

答案 ▶ ○

Q 辦公大樓的計畫：

　1. 核心系統是指將電梯或樓梯、廁所、茶水間等垂直動線或設備部分，集中在一個地方的方式。

　2. 茶水間、洗臉臺和廁所的管線必須連通上下樓層，所以這些設備設於各樓層平面上相同的位置。

....

A 大型辦公大樓普遍採行的計畫方式是，將電梯、樓梯的垂直動線，以及廁所等用到水的設備集中，做為核心彙整（**1**為○）。管道間（pipe space, PS）也集中起來，垂直連通水或空氣的管線、輸送管等。有水流管線的各房間設在管道間旁邊，所以這些房間多半在上下樓層相同的位置（**2**為○）。

core
芯

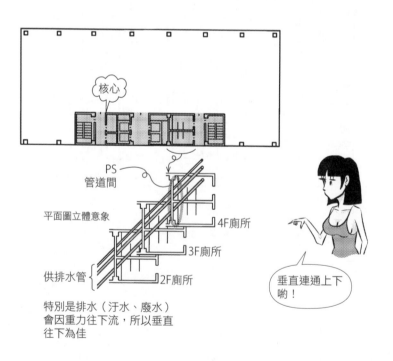

核心

PS
管道間

平面圖立體意象

4F廁所

3F廁所

供排水管

2F廁所

特別是排水（汙水、廢水）
會因重力往下流，所以垂直
往下為佳

垂直連通上下
喲！

答案 ▶ **1.** ○　　**2.** ○

Q 根據圖A、B所示的辦公大樓核心計畫，回答**1**、**2**的描述是否正確。

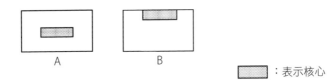

A　　　　　　　B

▨：表示核心

1. A的結構計畫較佳，用於高層建物。
2. B用於樓地板面積較小的低層、中層建物。

．．

A 像A這樣的<u>中央核心（center core）</u>，多牆的堅固核心位於正中央，*xy*方向也呈對稱，結構上有利。稍微偏離至中央核心上方的偏心核心（eccentric core）B，常用在中小規模、中低層的辦公室。中央核心、偏心核心的優點是從核心到出租辦公室的共用走廊距離短，出租容積率佳（**1**、**2**為○）。

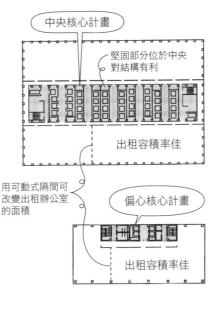

中央核心計畫

堅固部分位於中央對結構有利

出租容積率佳

用可動式隔間可改變出租辦公室的面積

偏心核心計畫

出租容積率佳

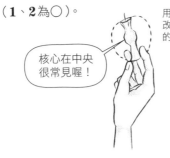

核心在中央很常見喔！

．．

答案 ▶ 1. ○　**2.** ○

Q 根據圖A、B所示的辦公大樓核心計畫，回答 **1**、**2** 的描述是否正確。

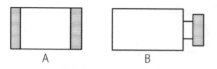

A　　　　　B

▨ ：表示核心

1. A容易確保雙向逃生。

2. B在耐震結構上不利，但容易確保自由的辦公空間。

A 如右下圖所示，<u>雙核心（double core）</u>最有利於雙向逃生（**1**為○）。此外，B的<u>分離核心（separated core）</u>難確保雙向逃生，多牆的核心位於外側，結構上不利，但不受核心限制，能自由打造工作空間（**2**為○）。

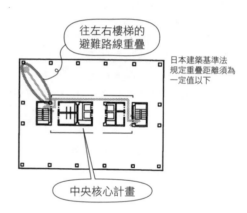

往左右樓梯的避難路線重疊

日本建築基準法規定重疊距離須為一定值以下

中央核心計畫

雙核心雙向逃生○！

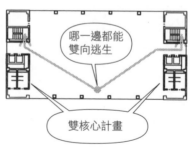

哪一邊都能雙向逃生

雙核心計畫

Q 標準層平面寬25m╳縱深20m的低層辦公大樓計畫，為了確保辦公室適當的縱深，採偏心核心計畫。

A 中央核心、偏心核心到核心的縱深要有15m左右。寬25m╳縱深20m的平面圖形，中央核心計畫無法確保15m的縱深。偏心核心則可形成適當的大小（答案為○）。

中央核心

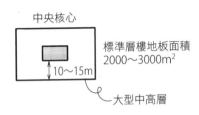

標準層樓地板面積
2000～3000m²

大型中高層

偏心核心

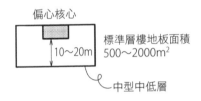

標準層樓地板面積
500～2000m²

中型中低層

到核心
15m!

雙核心

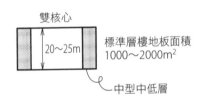

標準層樓地板面積
1000～2000m²

中型中低層

分離核心

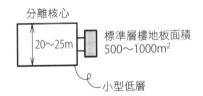

標準層樓地板面積
500～1000m²

小型低層

5

辦公室

Q 辦公大樓的活動地板是為了能自由配線所做成的雙層地板。

A 混凝土樓板上，如圖所示排列
著地板部件，不管從哪裡都可
自由取出配線的地板，稱為<u>活
動地板（free access floor）</u>（答
案為◯）。丹下健三設計的東
京都廳舍（1993年）^(注)，樓板
就是鋪設高7.5cm的活動地板。

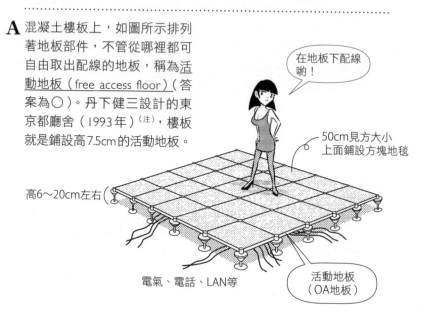

在地板下配線
喲！

50cm見方大小
上面鋪設方塊地毯

高6～20cm左右（

電氣、電話、LAN等

活動地板
（OA地板）

也有如右圖的設計，在混凝土
中埋設樓板線槽。這種做法會
設定配線取出位置。

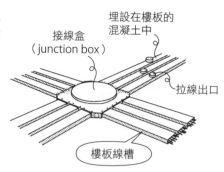

接線盒
（junction box）

埋設在樓板的
混凝土中

拉線出口

樓板線槽

注：東京都廳舍的標準層樓高4m，天花板高2.65m，平面的模組是3.2m。

Q 自由座位是指辦公室不設固定的個人專用座位，在職者共用座位，有效率的利用方式。

A 如下圖所示，不固定個人的位置（座位）和桌子，自由選擇的方式，稱為<u>自由座位（free address）</u>。具有有效利用面積、促進溝通等優點（答案為○）。

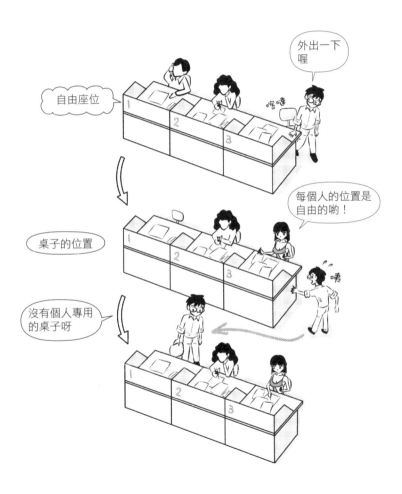

Q 從1～3中選出對應辦公室桌子配置圖A～C的配置形式。

1.面對面式　　2.平行式　　3.交錯式

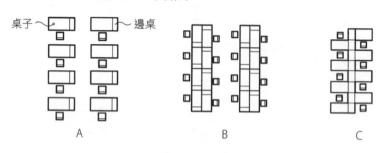

桌子～　　　～邊桌

A　　　　　　　　B　　　　　　　　C

....

A 如右圖所示，根據人的坐向，家具配置有<u>平行式</u>、<u>面對面式</u>、<u>交錯式</u>等（A是2、B是1、C是3）。

「交錯式」的日文スタッグ（stagg）為スタック（stack）一字的諧音，後者意為「堆積」。stacking chair是可堆疊的椅子。

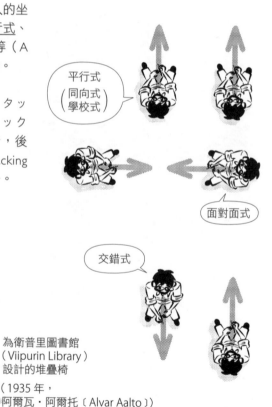

平行式（同向式）（學校式）

面對面式

交錯式

為衛普里圖書館（Viipurin Library）設計的堆疊椅

（1935年，阿爾瓦・阿爾托〔Alvar Aalto〕）

....

答案 ▶ **A：2 B：1 C：3**

Q 辦公室的桌子配置形式：

1. 需要頻繁溝通交流的業務，更適合採取平行式，而非面對面式。
2. 若需明確的個人工作空間，更適合採取面對面式，而非平行式。

A 彼此相對的面對面式，比較容易溝通交流（**1**為×）。平行式就像學校教室一樣，桌椅朝同一方向，雖然溝通不便，但能明確劃分個人空間，有每個人都容易集中工作的優點（**2**為×）。

容易溝通交流喲！

面對面式

平行式

明確的個人工作空間

一個人比較能集中嗎？

5

辦公室

答案 ▶ 1. ×　2. ×

Q 辦公室的桌子配置形式，在樓地板面積相同的情況下，平行式可以比面對面式配置更多桌子。

A 如圖所示，比較桌子背後的空間，面對面式可說是「中間走廊型」，平行式是「單邊走廊型」。「中間走廊型」面對面式的面積效率較佳（答案為×）。

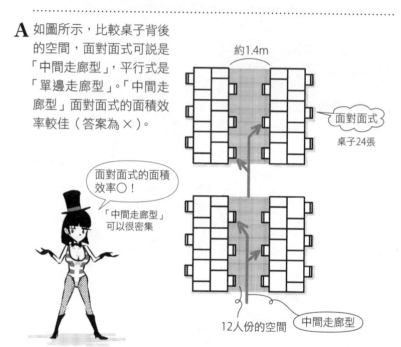

約1.4m

面對面式

桌子24張

面對面式的面積效率○！

「中間走廊型」可以很密集

12人份的空間　　中間走廊型

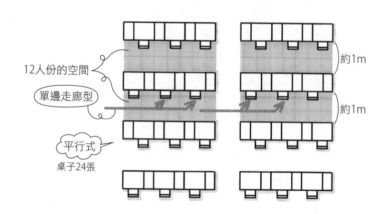

12人份的空間

單邊走廊型

約1m

約1m

平行式

桌子24張

答案 ▶ ×

Q 互動性是指當一些人聚在一起時，彼此不認識的人將臉朝向不同方向的狀態。

....

A 隨著坐法不同，會促進或抑制社會的相互關係。面對面式是<u>互動性</u>（sociopetal），背對式是<u>疏離性（sociofugal）</u>（答案為 ×）。

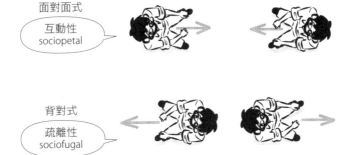

面對面式
互動性
sociopetal

背對式
疏離性
sociofugal

socio：表示「社會的」之意的字首。
petal：花瓣。源自向心呈花形之意。
fugal：「fuga＝賦格曲、遁走曲」。
　　　　用對位法的曲調。表示獨立彼此相背。

5

辦公室

....

答案 ▶ ×

Q 高層辦公大樓乘用電梯部數，一般是考量最多使用者時間帶的5分鐘使用人數來計畫。

A 辦公大樓的電梯使用人數，8點前的上班時段為尖峰，12點之後的午休時間、18點之後的下班時間則是第二多和第三多的時段。電梯設置部數要根據<u>最尖峰時段的5分鐘使用人數</u>來計畫（答案為○）。

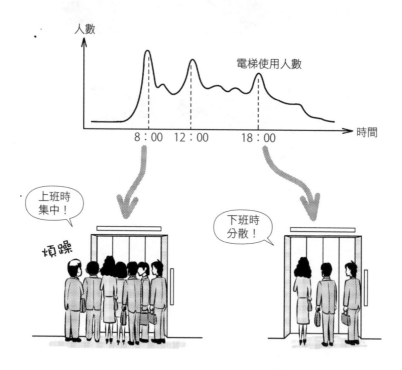

答案 ▶ ○

Q 用來計算電梯設置部數的「最多使用者時間帶5分鐘的使用人數占大樓在籍人數的比率」，這項數值是公司自有辦公大樓高於有多位承租者的出租辦公大樓。

A

尖峰時段的電梯使用者占大樓總人數的比率，出租大樓是15%左右，公司自有大樓是20～25%左右。上下班時間統一的自有大樓，集中時間乘用電梯的比率較高（答案為○）。因此，公司自有大樓需要設置較多電梯。

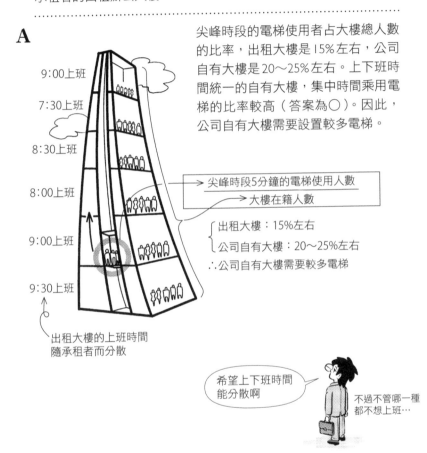

9:00上班

7:30上班

8:30上班

8:00上班

9:00上班

9:30上班

出租大樓的上班時間隨承租者而分散

尖峰時段5分鐘的電梯使用人數

大樓在籍人數

{ 出租大樓：15%左右
公司自有大樓：20～25%左右
∴公司自有大樓需要較多電梯

希望上下班時間能分散啊

不過不管哪一種都不想上班…

5
辦公室

Q 緊急用電梯主要是為了讓建物裡的人避難而做的計畫。

A 緊急用電梯是發生火災時，讓消防隊能進入、滅火和避難誘導用的（答案為×）。平常也能做為一般電梯使用。根據日本建築基準法，因為超過31m（約100尺）的樓層搭雲梯也無法到達，所以有設置緊急用電梯的義務。

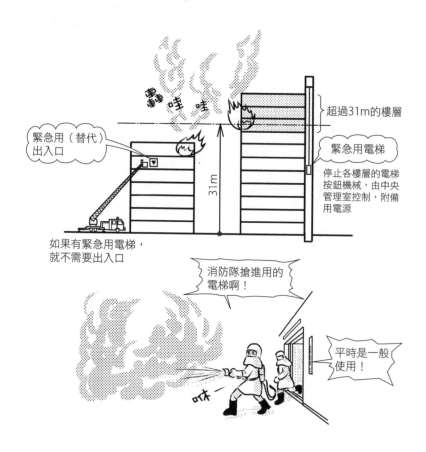

超過31m的樓層

緊急用（替代）出入口

緊急用電梯

停止各樓層的電梯按鈕機械，由中央管理室控制，附備用電源

31m

如果有緊急用電梯，就不需要出入口

消防隊搶進用的電梯啊！

平時是一般使用！

答案 ▶ ×

Q 42層辦公大樓的電梯計畫，無須依據電梯抵達樓層來配置分組。

....

A 如右圖所示，高層建物將
樓層分區（zone），並把
電梯分組（bank）分配到
各區。設置轉乘樓層，搭
錯電梯或想去其他區時，
能順利因應（答案為×）。

餐廳區

高樓層區

42F

40F

10層左右

中高
樓層區

30F

務必設置

轉乘樓層

樓層分區並把電梯
分組喲

20F

中低
樓層區

低樓層區

10F

zone：區域、區分

bank：除了銀行、土堤之外，
也有列、組的意思
ELV組（a bank of
elevators）是電梯組

低樓層 ELV組	中低樓層 ELV組	中高樓層 ELV組	高樓層 ELV組	餐廳層 ELV組

貨物用、
緊急用電梯

貨物用、
緊急用電梯

5

辦公室

● 分區把電梯分組的方式，也稱為常規分區（conventional zoning）。conventional
是「慣常的」之意。

....

答案 ▶ ×

Q 標準層辦公室樓地板面積1000m²的辦公大樓計畫，設為女用便器5個、男用小便器3個、男用大便器3個。

A 辦公室面積<u>每人須有約10m²（6疊）</u>（參見R063），1000m²約為100人。以每100人來說，需要女用便器5個，男用便器（大、小）各3個。雖然依男女比例而異，5個、3個、3個已足夠（答案為◯）。

辦公室便器數

每100人	女用便器	5個
	男用 { 大便器	3個
	小便器	3個

依等待時間而異。器具製造商的網站上註明人數、等待時間和器具數的對應圖。

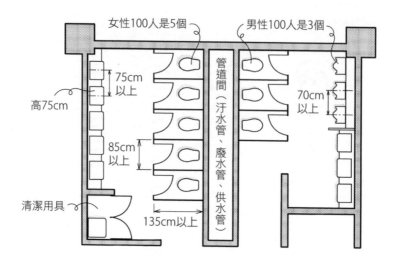

女性100人是5個　　　男性100人是3個

75cm以上

高75cm

85cm以上

清潔用具

135cm以上

70cm以上

管道間（汙水管、廢水管、供水管）

答案 ▶ ◯

Q 為了方便，辦公大樓的計畫設置數個夜間出入口。

A 設數個（夜間）出入口不利於管理和保全，所以一般是一個出入口。如下圖所示，在警衛室前進出，容易管理和保全（答案為 ×）。

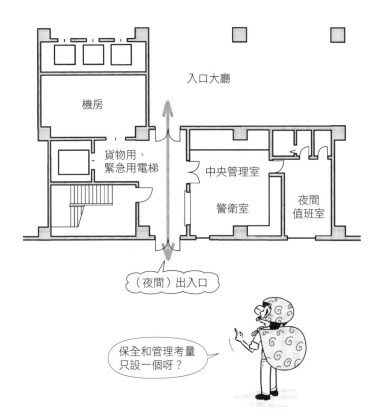

機房

入口大廳

貨物用、
緊急用電梯

中央管理室

警衛室

夜間
值班室

（夜間）出入口

保全和管理考量
只設一個呀？

Q 辦公大樓垃圾製造量的重量比率，一般是紙類最多，所以計畫紙類專用垃圾收集區。

A 辦公室製造的垃圾當中，約60%的重量是紙。以容積來看，雖然因裝放方式而異，也占了70～80%。若設置紙類專用垃圾收集區，分類會比較輕鬆（答案為○）。

辦公大樓的垃圾（重量比）

紙類 約60%	塑膠 約10%	廚餘類 約10%	瓶罐類 約5%	其他

廚餘類：
廚房產出的食物殘渣

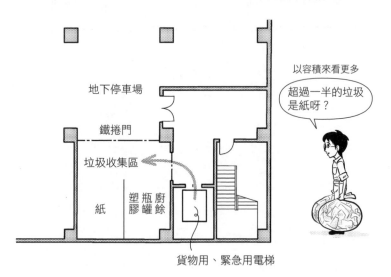

地下停車場

鐵捲門

垃圾收集區

紙　塑膠　瓶罐　廚餘

貨物用、緊急用電梯

以容積來看更多

超過一半的垃圾是紙呀？

答案 ▶ ○

Q 舞臺鏡框是設置於舞臺與觀眾席之間的框狀結構物。

A 舞臺的上方和左右，需要設置照明和各種吊具等許多道具。這些道具隱藏在後方，而突顯表演者和布景的邊框，稱為<u>舞臺前部（proscenium）</u>或<u>舞臺鏡框（proscenium arch）</u>（答案為○）。使用舞臺鏡框的舞臺，稱為<u>鏡框式舞臺（proscenium stage）</u>。

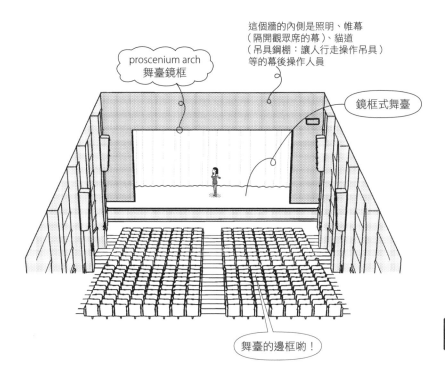

這個牆的內側是照明、帷幕（隔開觀眾席的幕）、貓道（吊具鋼棚：讓人行走操作吊具）等的幕後操作人員

proscenium arch
舞臺鏡框

鏡框式舞臺

舞臺的邊框喲！

6

劇場

Q 在劇場中，有側舞臺的鏡框式舞臺的舞臺寬度，設為舞臺鏡框開口寬度的2倍。

A 如下圖所示，舞臺的兩邊要有側舞臺（<u>wing stage</u>，日文稱為「袖」）。沒有側舞臺，表演者無法做準備，布景準備等工作也無法進行。要在兩側設置從觀眾席看不到的側舞臺，<u>舞臺總寬度必須是舞臺鏡框開口寬度的2倍以上</u>（答案為○）。

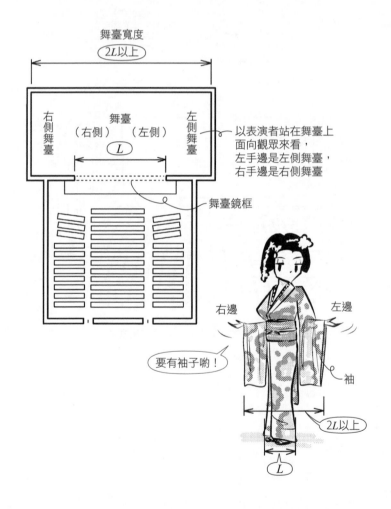

舞臺寬度
2L以上

右側舞臺　　舞臺（右側）（左側）　L　　左側舞臺

以表演者站在舞臺上面向觀眾來看，左手邊是左側舞臺，右手邊是右側舞臺

舞臺鏡框

右邊　　　　　　　左邊

要有袖子喲！

袖

2L以上

L

答案 ▶ ○

Q 鏡框式舞臺的縱深，設為與舞臺鏡框開口寬度相同。

A <u>鏡框式舞臺的縱深，一般設為舞臺鏡框開口寬度L的1倍或更多</u>。在$L \times L$的正方形空間中演出（答案為○）。

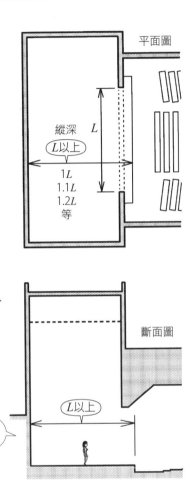

平面圖

縱深
L以上
$1L$
$1.1L$
$1.2L$
等

L

在正方形空間中演出喲！

L

L

斷面圖

L以上

沒有這麼寬，無法設置布景喲！

答案 ▶ ○

Q 鏡框式舞臺的舞臺地板到貓道的高度，設為舞臺鏡框高度的2.5倍。

....

A 分隔觀眾席與舞臺的帷幕等布幕不是往上捲動，而是直接升起。因此，<u>到貓道的高度必須是舞臺鏡框高度的2倍以上</u>（答案為○）。

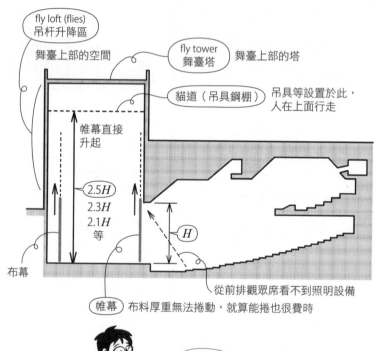

fly loft (flies)
吊杆升降區

舞臺上部的空間

fly tower
舞臺塔 　舞臺上部的塔

貓道（吊具鋼棚）　吊具等設置於此，人在上面行走

帷幕直接升起

2.5*H*
2.3*H*
2.1*H*
等

H

布幕

從前排觀眾席看不到照明設備

帷幕 布料厚重無法捲動，就算能捲也很費時

咻

要有讓布幕升起的高度呀？

答案 ▶ ○

Q 從舞臺上部的貓道，吊起帷幕、天幕、翼幕、沿幕、可動式舞臺鏡框、舞臺裝置等。

....

A 如下圖所示，裝有<u>橫桿</u>的布幕、照明設備或舞臺裝置等是從貓道吊起（答案為○）。鋼纜延伸至側舞臺，從側舞臺的開關來控制升降。大型劇場的貓道高度近30m，常被設定為懸疑劇場景的空間。為了防止墜落，貓道的間隔多半做得非常小，不會像連續劇一樣很容易掉下去。

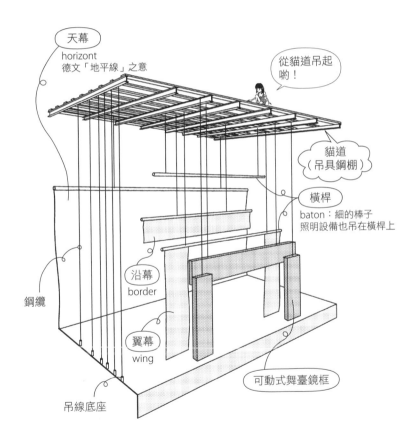

Q 鏡框式舞臺為了防止火災時延燒到觀眾席，舞臺鏡框靠近舞臺側設防火幕。

....

A 舞臺上可燃物多、觀眾席也人數眾多，舞臺上發生火災的話後果不堪設想。因此，裝設具一定防火功能的<u>防火幕或防火擋板（特定防火設備）</u>，偵測到火災時會自動降下（答案為○）。將火災控制在一部分區域，避免擴散到其他地方的做法，稱為<u>防火區劃</u>。

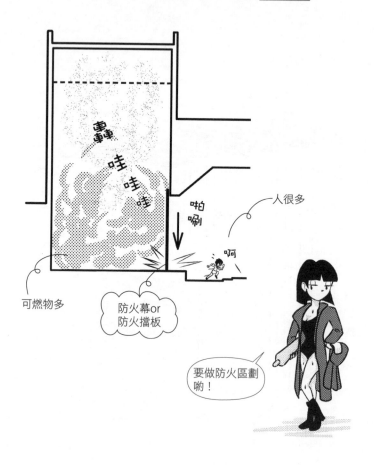

人很多

可燃物多

防火幕or
防火擋板

要做防火區劃
喲！

Q 1. 為了提高劇場中舞臺與觀眾席的整體感，設為開放式舞臺形式。
2. 有歌劇演出的劇場計畫，為了因應各種歌劇曲目的演出，設為開放式舞臺形式。

....

A 聯想拳擊比賽等賽事就能理解，開放式舞臺能提高舞臺與觀眾席的整體感（**1**為○）。然而，照明設備、舞臺背景等也全部開放，所以並不適合歌劇等正統的舞臺演出（**2**為×）。

拳賽是開放式舞臺！

砰

嘶

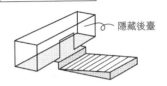

鏡框式舞臺形式

隱藏後臺

開放式舞臺形式　　照明設備等全部開放，很難轉換舞臺

shoe box：鞋盒
鞋盒型

音響效果出色，
常做為古典樂的音樂廳

中心式舞臺

扇形

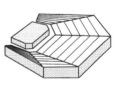

還有其他各種形式

6

劇場

....

答案 ▶ 1. ○　**2.** ×

本篇以巴黎歌劇院（Opéra Garnier，1875 年，查爾斯·加尼葉〔Charles Garnier〕）為例，說明大型劇場。除了有側舞臺、後舞臺、樂池（orchestra pit，樂團席）等正統的舞臺結構，做為上流階級社交場所的豪華劇場大廳也值得一看。

加尼葉

35歲時競圖獲勝，歌劇院旁有他的銅像

雙圓柱（成對圓柱）

巴洛克式樓梯呢

劇場大廳層

入口前廳層

● 近代建築出現之前，源於希臘羅馬的古典主義（classicism）是歐洲建築的保守主流。承繼此風格的巴黎歌劇院（屬於新巴洛克〔neo-baroque〕樣式），豪華絢爛出類拔萃，維也納國立歌劇院等建築相形失色。入口前廳和劇場大廳隨時可以參觀。

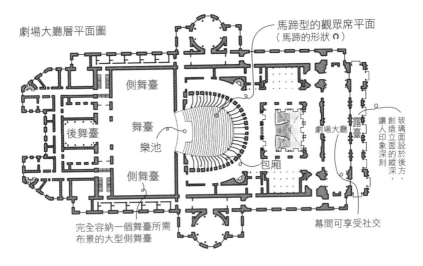

劇場大廳層平面圖

馬蹄型的觀眾席平面
（馬蹄的形狀Ω）

側舞臺

後舞臺

舞臺

樂池

側舞臺

包廂

劇場大廳

露臺

玻璃面設於後方，創造立面的縱深，讓人印象深刻

幕間可享受社交

完全容納一個舞臺所需
布景的大型側舞臺

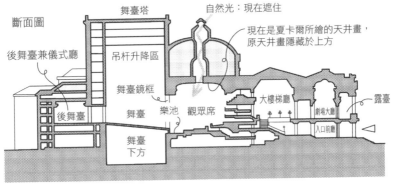

斷面圖

舞臺塔

自然光：現在遮住

現在是夏卡爾所繪的天井畫，
原天井畫隱藏於上方

後舞臺兼儀式廳

吊杆升降區

後舞臺

舞臺鏡框

樂池

觀眾席

大樓梯廳

露臺

劇場大廳

舞臺

入口前廳

舞臺
下方

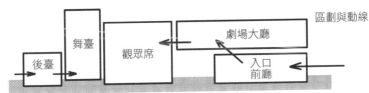

區劃與動線

舞臺

觀眾席

劇場大廳

後臺

入口
前廳

pit：穴、凹陷
orchestra pit：樂團進入的凹處
machine pit：放入機械的凹穴

6

劇場

參考資料：三宅理一著《都市と建築コンペティション（1）首都の時代》講談社，1991年

Q 劇場的計畫，為了讓觀眾席與舞臺展現整體感，設為伸展式舞臺。

....

A 如下圖所示，<u>伸展式舞臺（thrust stage）</u>是開放式舞臺的一種，舞臺的一部分或全部向前突出（thrust）的類型。這種形式常見於時裝秀等，三個方向被觀眾席包圍，產生整體感（答案為○）。

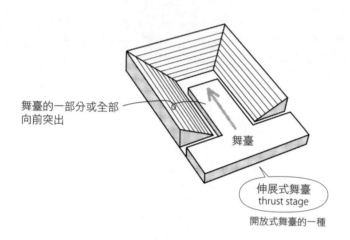

舞臺的一部分或全部
向前突出

舞臺

伸展式舞臺
thrust stage

開放式舞臺的一種

時裝秀就是這種
類型喲！

突出的舞臺嗎？

thrust：突出

....

答案 ▶ ○

Q 劇場為了能因應演出節目來變更舞臺與觀眾席的關係，計畫為調整式舞臺的形式。

··

A 如下圖所示，調整式舞臺（adaptable stage）是可以（able）適應（adapt）各種演出節目，而可以（able）變更（adapt）為各種舞臺形式的舞臺（答案為○）。類型多樣，從地板下或橫向自動移動觀眾席，到用人力拆解舞臺設置都有。

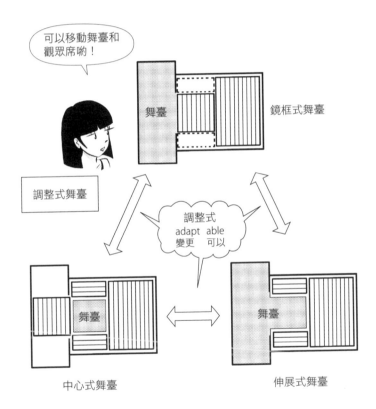

可以移動舞臺和觀眾席喲！

調整式舞臺

調整式
adapt　able
變更　可以

鏡框式舞臺

中心式舞臺

伸展式舞臺

6

劇場

Q 鞋盒型廳堂音響效果出色，所以常做為古典樂的音樂廳。

A 維也納愛樂總部設於維也納音樂協會大樓（Haus des Wiener Musikvereins），這座典型的<u>鞋盒型廳堂</u>，享有世界最佳音響效果之名。寬約19m的側牆的回聲，以及牆和天花板的裝飾所產生的聲音擴散效果，更為增強。日本也建造了 Orchard Hall（音樂廳，2150席，東京澀谷）等許多鞋盒型廳堂（答案為○）。

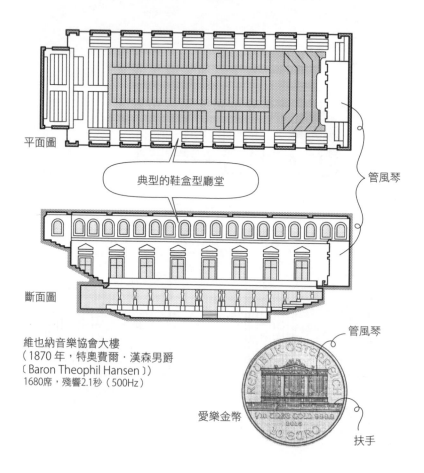

平面圖

典型的鞋盒型廳堂

管風琴

斷面圖

維也納音樂協會大樓
（1870 年，特奧費爾・漢森男爵
〔Baron Theophil Hansen〕）
1680席，殘響2.1秒（500Hz）

愛樂金幣

管風琴

扶手

參考資料：「SD」1989年10月號「音楽のための空間」

答案 ▶ ○

Q 梯田型音樂廳是將觀眾席設為梯田狀來圍繞舞臺的形式。

A 舞臺被觀眾圍繞的<u>圓形劇場（arena）</u>中，小區域分開觀眾席並以低牆圍起，做成梯田狀的是<u>梯田型（vineyard type，又稱「葡萄園型」）</u>（答案為○）。下圖的柏林愛樂廳（Berliner Philharmoniker）和日本的三得利音樂廳（Suntory Hall，1986年，安井建築設計事務所，2006席）等，都是代表範例。

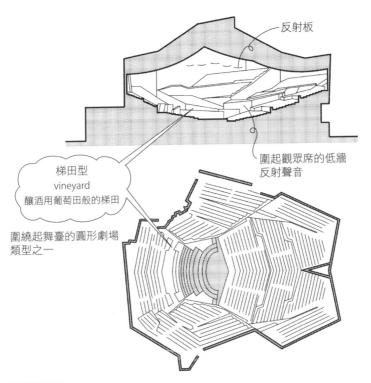

反射板

圍起觀眾席的低牆
反射聲音

梯田型
vineyard
釀酒用葡萄田般的梯田

圍繞起舞臺的圓形劇場
類型之一

柏林愛樂廳
（1963年，夏隆）
2230席，殘響1.9秒（500Hz）

參考資料：「SD」1989年10月號「音楽のための空間」

- 漢斯・夏隆（Hans Scharoun）設計的柏林愛樂廳和鄰近的柏林國立圖書館（Staatsbibliothek zu Berlin，1978年），看似自由的複雜造形，與密斯的柏林新國家美術館（Neue Nationalgalerie，1968年）單純明快的形式形成強烈對比。同一視界裡三棟建物鄰近，柏林必訪景點。

答案 ▶ ○

6
劇場

Q 歌劇院的計畫，考量最遠可視距離，最後面的觀眾席到舞臺中心的
可視距離設為48m。

....

A 歌劇等<u>音樂演出以音樂和肢體表現為主，所以最遠可視距離是38m</u>
（答案為×）。因此，為了看見肢體表現和細微動作，距離必須稍近
一點。

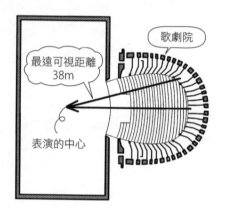

答案 ▶ ×

Q 劇場的計畫，考量容易觀賞以台詞為主的戲劇，最遠可視距離設為
20m 來配置觀眾席。

A 如下圖所示，最遠可視距離分別為音樂劇38m、以台詞為主的戲劇
22m、兒童劇15m。題目中的20m小於22m，所以答案為○。

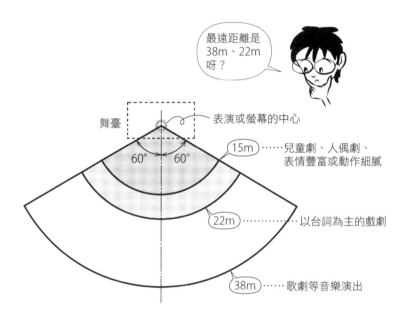

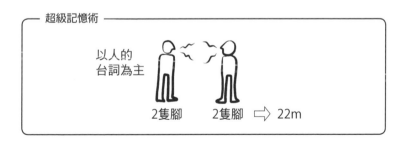

Q 鏡框式舞臺形式的劇場計畫，設為確保從 l 樓各座位往下觀看舞臺的俯角為5°～15°以內，同時所有的座位都能看見舞臺前端。

A 俯角是俯看的角度，也就是從水平往下多少角度來觀看。<u>30°是極限，最好是15°以下</u>（答案為○）。

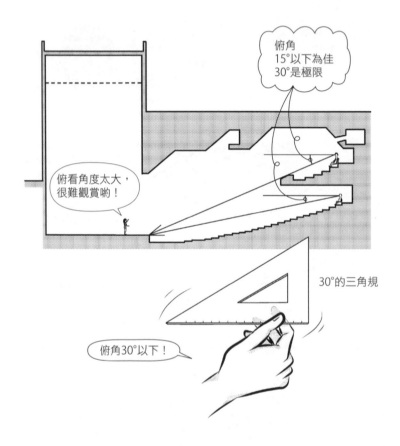

答案 ▶ ○

Q 電影院的計畫，從觀眾席最前排中央到銀幕兩端的水平角度設為
90°以下。

....

A 坐在電影院最前排，眼睛和脖子會感覺疲勞，想必很多人深有同
感。看銀幕的水平角度90°以下為佳（答案為○）。

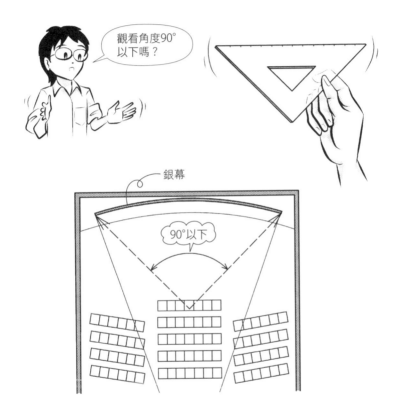

觀看角度90°
以下嗎？

銀幕

90°以下

6

劇場

....

答案 ▶ ○

Q 劇場的計畫，每單位觀眾席的寬度是45cm以上、前後間隔是80cm
以上、從座面到前後椅背皆為35cm以上。

‥‥‥‥‥‥‥‥‥‥‥‥‥‥‥‥‥‥‥‥‥‥‥‥‥‥‥‥‥‥‥‥‥‥‥‥‥

A 這裡再次記住椅子的大小吧（參見R011、R012）。<u>椅子的寬度和縱
深是45cm×45cm以上，膝蓋的空間至少是35cm以上，前後間隔是
45cm＋35cm＝80cm以上</u>（答案為○）。樓地板面積是0.45m×0.8m
＝0.36m²，<u>包含通道最少要有0.5m²，可以的話0.7m²較佳。</u>

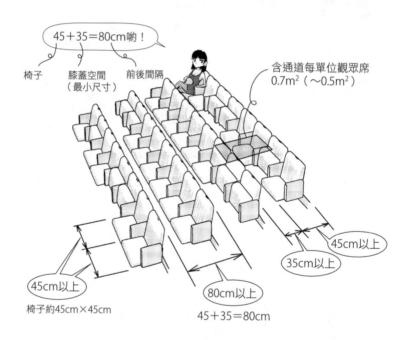

椅子　　膝蓋空間　　前後間隔
（最小尺寸）

45＋35＝80cm喲！

含通道每單位觀眾席
0.7m²（～0.5m²）

45cm以上

35cm以上

45cm以上

椅子約45cm×45cm

80cm以上

45＋35＝80cm

┌─ Point ─────────────────────────────────┐

　　　　椅子　　膝蓋空間　　前後間隔
　　　　45cm ＋ 35cm ＝ 80cm以上

└──┘

‥‥‥‥‥‥‥‥‥‥‥‥‥‥‥‥‥‥‥‥‥‥‥‥‥‥‥‥‥‥‥‥‥‥‥‥‥

答案 ▶ ○

Q 劇場的觀眾席區域，設為縱向通道寬度80cm以上、橫向通道寬度100cm以上。

....

A 雙側觀眾席的縱向通道寬度80cm以上，單側觀眾席的縱向通道寬度60cm以上，橫向通道寬度100cm以上（答案為○）。

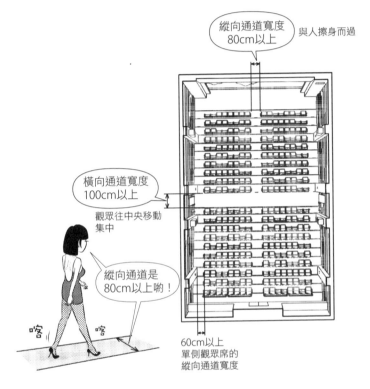

縱向通道寬度
80cm以上　與人擦身而過

橫向通道寬度
100cm以上

觀眾往中央移動
集中

縱向通道是
80cm以上喲！

60cm以上
單側觀眾席的
縱向通道寬度

6

劇場

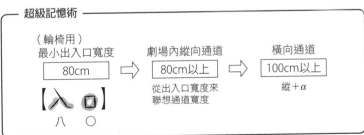

超級記憶術

（輪椅用）
最小出入口寬度

80cm

劇場內縱向通道

80cm以上

從出入口寬度來
聯想通道寬度

橫向通道

100cm以上

縱＋α

【入 ▣】

八　　○

....

Q 1.殘響時間是聲音停止之後，聲音強度位準衰減60dB所需的時間。
2.觀眾席的空氣體積越大，殘響時間越長。
3.劇場觀眾席的空氣體積要有6m³/席以上。

....

A 聲音停止後仍殘存的現象稱為殘響（reverberation），聲音強度位準
（音壓位準〔sound pressure level〕）衰減60dB所需的時間是殘響時
間（**1**為○）。殘響時間沙賓式（Sabine's formula）如下所示，殘響
時間和室容積 V 成正比（**2**為○）、和室內表面積 S 與平均吸音率 $\bar{\alpha}$
的積 $S \times \bar{\alpha}$ 成反比，但請注意與室溫無關。

$$\text{殘響時間}T = \text{比例常數} \times \frac{V}{S \times \bar{\alpha}} \text{（秒）}$$

V：室容積
S：表面積
$\bar{\alpha}$：平均吸音率

觀眾席的空氣體積（室容積）越大，殘響時間 T 越長；空氣體積越
小，T 也越短。音樂廳、劇場把殘響時間設計得較長，電影院設計
得較短。以每單位觀眾席的空氣體積來說，劇場是6m³/席以上，
電影院是4～5m³/席左右（**3**為○）。

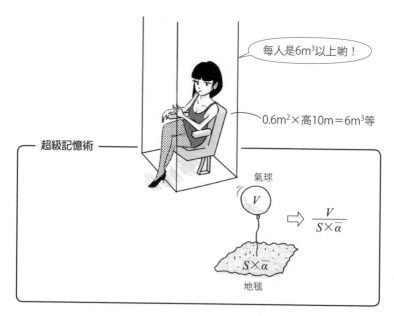

每人是6m³以上喲！

0.6m²×高10m＝6m³等

超級記憶術

氣球

V

$\Rightarrow \dfrac{V}{S \times \bar{\alpha}}$

$S \times \bar{\alpha}$

地毯

● 關於dB（分貝），請參見拙著《圖解建築物理環境入門》。

答案 ▶ 1.○　2.○　3.○

Q 進入劇場觀眾席之前，除了入口前廳，另設劇場大廳。

A

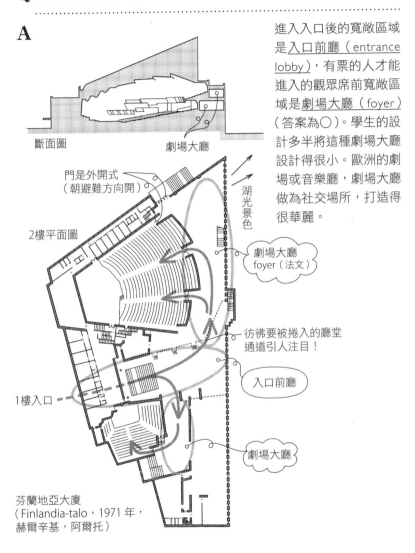

進入入口後的寬敞區域是<u>入口前廳（entrance lobby）</u>，有票的人才能進入的觀眾席前寬敞區域是<u>劇場大廳（foyer）</u>（答案為○）。學生的設計多半將這種劇場大廳設計得很小。歐洲的劇場或音樂廳，劇場大廳做為社交場所，打造得很華麗。

斷面圖　　　　　　劇場大廳

門是外開式
（朝避難方向開）

湖光景色

2樓平面圖

劇場大廳
foyer（法文）

彷彿要被捲入的廳堂
通道引人注目！

入口前廳

1樓入口

劇場大廳

芬蘭地亞大廈
（Finlandia-talo，1971 年，
赫爾辛基，阿爾托）

6
劇場

- 與抽象立體風格的柯比意、密斯、華特‧葛羅培（Walter Gropius）的近代建築相比，採用曲線、鋸齒線、發揮木材或紅磚素材感的阿爾托，設計讓人耳目一新。如果無法前往芬蘭參觀，建議參訪巴黎近郊的路易士‧卡萊邸（Maison Louis Carre，1958年）。與柯比意熟識的卡萊，並未委託柯比意，而是請阿爾托來設計藝廊兼住宅。

答案 ▶ ○

Q 以高級商品或固定顧客為對象的零售業，店面設為開放式。

....

A 以高級商品或固定顧客為對象的店面，為了避免初次造訪的新顧客或光看不買的人，並維持沉靜的氛圍，採<u>封閉式</u>（答案為 ×）。另一方面，小型的食品店、花店或二手書店等多採<u>開放式</u>。

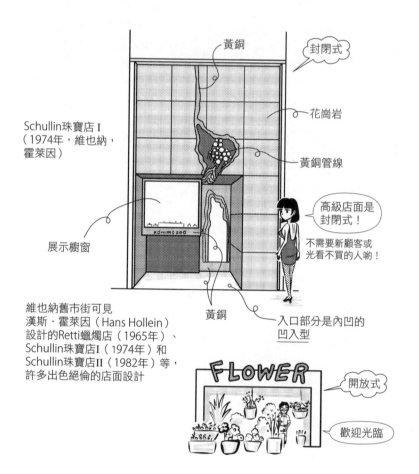

Schullin珠寶店 I
（1974年，維也納，
霍萊因）

展示櫥窗

維也納舊市街可見
漢斯·霍萊因（Hans Hollein）
設計的Retti蠟燭店（1965年）、
Schullin珠寶店I（1974年）和
Schullin珠寶店II（1982年）等，
許多出色絕倫的店面設計

Q 為了容易看見面向室外的展示櫥窗內部，設屋簷來遮擋日照。

....

A 展示櫥窗的玻璃面映照著背景或天空，難以看清內部，所以設屋簷 或遮陽棚來方便觀看（答案為○）。在平面圖上，入口附近內凹成 為<u>凹入型</u>，容易吸引顧客。前篇的Schullin珠寶店I也是凹入型。

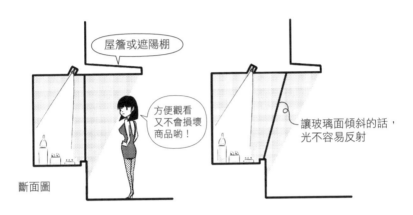

屋簷或遮陽棚

方便觀看 又不會損壞 商品喲！

讓玻璃面傾斜的話， 光不容易反射

斷面圖

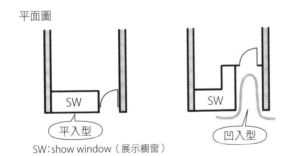

平面圖

SW

平入型

SW

凹入型

SW：show window（展示櫥窗）

....

答案 ▶ ○

7

店
鋪

Q 關於零售店：
　　1. 客用主通道寬度設為 300cm。
　　2. 被展示櫃包圍的店員通道寬度設為 100cm。

....

A 零售店的通道寬度，<u>主通道約 300cm</u>，<u>副通道約 200cm</u>，被展示櫃
　　包圍的<u>店員通道約 100cm</u>（**1**、**2** 為○）。

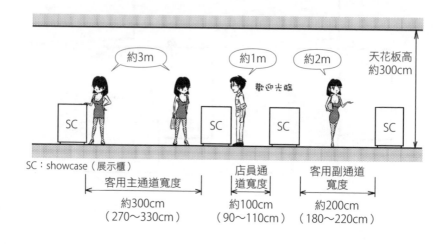

SC：showcase（展示櫃）

客用主通道寬度	店員通道寬度	客用副通道寬度
約300cm （270～330cm）	約100cm （90～110cm）	約200cm （180～220cm）

- 上述是大型店鋪的情況，也有小規模店鋪是客用通道 90cm、店員通道 60cm。
- 為了能夠因應展示櫃重新配置，採可動式櫃架為佳。

....

答案 ▶ **1.** ○　**2.** ○

Q 商品陳列架的高度，考量成人方便看見和容易拿取，計畫為距地面 70～150cm。

A 高度超過150cm，可能有人會因為身高而拿不到。150cm以上只用於商品展示，要設計讓<u>最想拿取的商品放在約70cm的高度</u>等（答案為○）。高度70cm也是作業或飲食用桌子的標準高度。

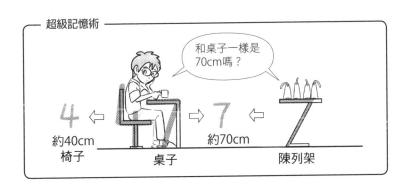

Q 超市收銀檯旁的包裝檯高度，設為距地面 105cm。

....

A <u>為了能輕鬆置放重物，包裝檯的高度約70cm</u>（答案為 ×）。<u>收銀機放置檯高度70～90cm</u>，方便站立作業。

高度請設為
70cm

因為東西很重

歡迎光臨

請讓我設成跟櫃檯
一樣的高度

約70cm

喀

有時收銀檯
設得比包裝
檯還高

約60cm

約45cm

....

Q 超市的客用出入口與店員出入口分開。

....

A 超市、百貨公司等會盡可能將客用與店員出入口、貨物搬入口分開，平面位置上配置遠離（答案為○）。

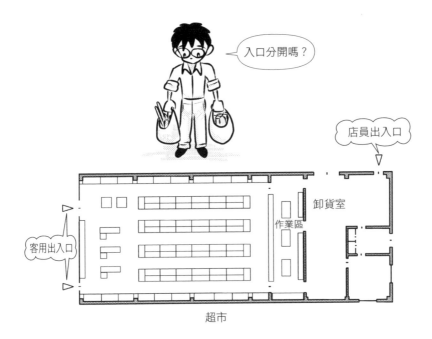

超市

....

Q 零售業的店鋪：
　1. 顧客的動線計畫為延長到不造成不快的程度。
　2. 店員的動線計畫為合理程度的短距離。

A 顧客的動線要在不造成不快的範圍內延長，增加與商品的接觸（**1**
為○）。反之，店員需要上下架商品、補貨等，在合理範圍內縮短
動線（**2**為○）。此外，顧客、店員和商品的動線要計畫為盡可能
不相互交錯。

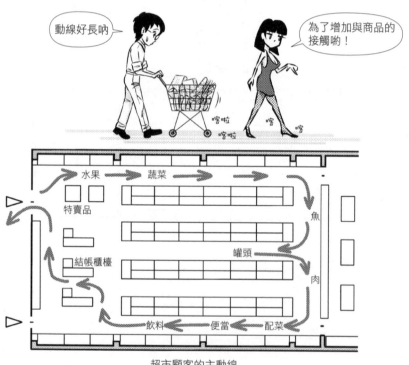

超市顧客的主動線

答案 ▶ 1. ○　2. ○

Q 自助式咖啡館的計畫，配膳和收膳的動線分開。

....

A 配膳和收膳的動線交錯，會造成混亂或碰撞事故。盡可能計畫不讓
兩動線交錯，將兩者分開（答案為○）。

動線交錯的話，
會變得混亂喲！

收膳動線

配膳動線

Q 有宴會廳的大型城市旅館，考量住宿和宴會廳客人的動線，分別設置主要的入口大廳和宴會廳專用入口大廳。

······

A 在人群聚集的宴會廳，如果宴會廳入口和「旅館的出入口＋大廳」是同一個，容易造成混亂。為了避免混亂、讓動線順暢，另外設置「宴會廳專用的出入口＋大廳」（答案為○）。一般客用大廳和宴會廳用大廳，要能互通。入口大廳（lobby）也稱為 hall 或 entrance hall。宴會廳是 banquet room，也叫做 banquet hall。

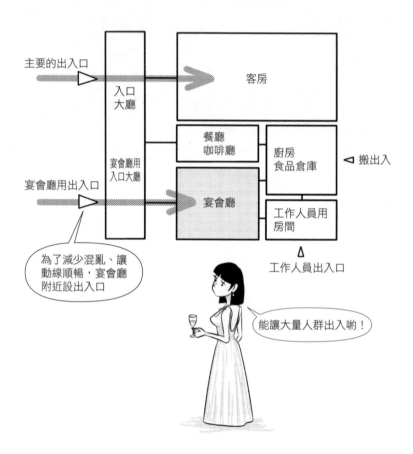

主要的出入口

入口
大廳

客房

宴會廳用
入口大廳

餐廳
咖啡廳

廚房
食品倉庫

◁ 搬出入

宴會廳用出入口

宴會廳

工作人員用
房間

為了減少混亂、讓動線順暢，宴會廳附近設出入口

工作人員出入口

能讓大量人群出入喲！

Q 大型城市旅館的計畫，客房用電梯部數設為每120間房一部。

A 城市旅館的電梯是每100～200間房要有一部（答案為○）。部數越多，等待時間越短，但初期成本（建築費）和維護成本會增加。因為電梯每個月都要定期檢查，故障時的修理費用也比其他設備高。

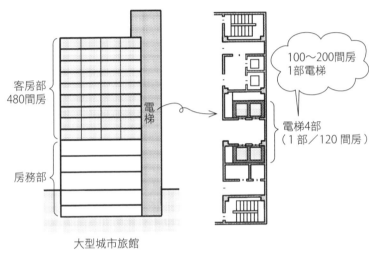

客房部
480間房

電梯

房務部

100～200間房
1部電梯

電梯4部
（1部／120間房）

大型城市旅館

增加電梯可以縮短等待時間，
但不能輕忽增加的成本…

8

旅館

答案 ▶ ○

Q 高層城市旅館的計畫，緊急用電梯配置在巾房等提供各種服務的房間附近，做為服務用電梯使用。

....

A <u>緊急用電梯</u>是消防隊進入時使用的，平時也能做為一般用途。辦公大樓、城市旅館、公寓等超過31m（制定法律時是以100尺為基準）的樓層，都有義務設置（參見R153）。城市旅館的緊急用電梯，常做為工作人員使用的服務用電梯（答案為○）。服務用電梯周圍配置<u>巾房（linen room）</u>等。linen是床單、桌巾等布製品。

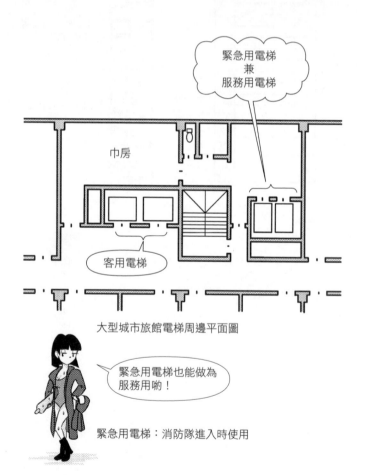

大型城市旅館電梯周邊平面圖

緊急用電梯：消防隊進入時使用

答案 ▶ ○

Q 城市旅館的計畫，考量各樓層單位整修的同時，為了降低樓高，不在客房分別設置設備豎井，而是集中設備豎井。

....

A 廁所和浴室附近沒有設置立管而是使用水平支管的話，需要較長的管線，排水困難。架設水平支管需要有斜度，太長則需要從天花板開始架設，樓高必須達到相應的高度。一般的做法是每個房間或兩個房間設一個設備豎井（vertical shaft）（答案為 ×）。

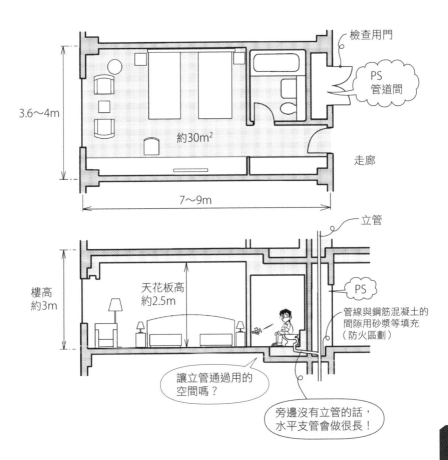

....

答案 ▶ ×

Q 城市旅館的客房，計畫為照明以間接照明為主，各個照明可各自調節照度。

....

A 與直接照射目標物的<u>直接照明</u>相比，光源投射的光先照到牆或天花板，用反射光來照明的<u>間接照明</u>，會形成沉靜的氛圍。設置可改變照度的調光裝置，更能變化氣氛。間接照明＋調光裝置讓旅館客房的照明更有效利用（答案為○）。

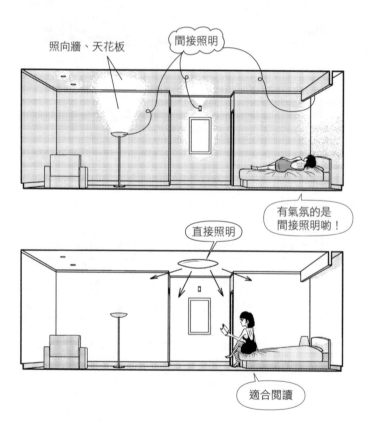

照向牆、天花板

間接照明

有氣氛的是間接照明喲！

直接照明

適合閱讀

....

答案 ▶ ○

Q 托兒所的育嬰室和幼兒的育幼室分開配置。

A 為了嬰兒的安全，幼兒安排到其他房間（答案為○）。

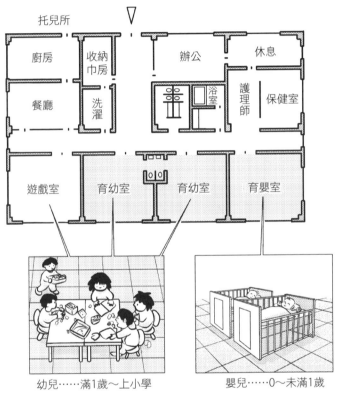

幼兒……滿1歲～上小學　　　　　　嬰兒……0～未滿1歲

（實際上也有1歲幼兒待在育嬰室，視情況而定）

｛ 托兒所……厚生勞働省（兒童福祉法）
　 幼稚園……文部科學省（學校教育法）｝

● 在日本，幼稚園為「學校」，由文部科學省（教育部）管轄，負責教育滿3歲至上小學的幼兒。托兒所是負責照顧嬰兒和幼兒的地方，由厚生勞働省（類似台灣的衛生署和勞工局）管轄，推動嬰幼兒的幼保一元化，也就是幼托整合。

答案 ▶ ○

Q 托兒所的計畫：
1. 幼兒用廁所設在育幼室附近。
2. 為了確保幼兒的安全和進行指導，幼兒用廁所的隔板和門的高度，設為 100～120cm。

....

A 幼兒感覺想上廁所到實際排泄的時間很短，所以幼兒用廁所設在育幼室附近（**1**為○）。此外，如果隔板或門的高度太高，幼兒可能反鎖在裡面，或無法指導如何上廁所。因此，隔板和門的高度設為 100～120cm，讓大人可以看護（**2**為○）。

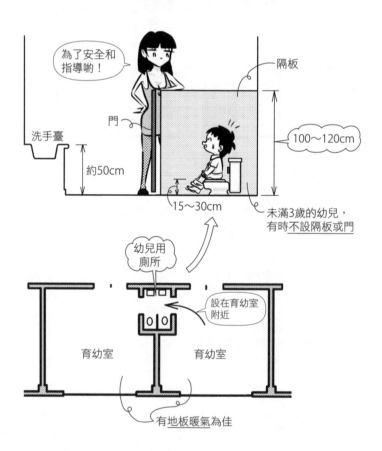

答案 ▶ 1. ○　2. ○

Q 托兒所的計畫，午睡的地方最好和用餐的地方分開設置。

A 上下床墊等動作會生灰塵，所以用餐的地方要與午睡的地方分開。
為了指導準備用餐的動作，兩者分開也比較恰當（答案為○）。

答案 ▶ ○

Q 托兒所的計畫：

1. 以4歲幼兒為對象，可容納人數20人的育幼室面積，設為45m²。
2. 3歲幼兒育幼室的每人單位樓地板面積，計畫為比5歲幼兒育幼室的每人單位樓地板面積小。

....

A 托兒所的育幼室須為 1.98m²/人以上（參見R060）。問題 **1** 是 45m²/20人＝2.25m²/人，符合基準（**1**為○）。3歲幼兒不是團體行動而是各自走動，所以需要比4、5歲幼兒的育幼室更大的面積（**2**為✕）。

育幼室

1.98m²/人以上

一個人趴趴走，所以需要更多面積！

3歲幼兒育幼室

4、5歲幼兒育幼室

自由

可以團體行動，所以面積比3歲幼兒小OK！

團體行動

....

答案 ▶ **1.** ○　**2.** ✕

Q 托兒所的計畫，可容納人數15人的1歲幼兒爬行室樓地板面積，設為30m²。

....

A 嬰兒待在床上的<u>育嬰室為1.65m²/人以上</u>，活潑好動的幼兒<u>爬行室</u><u>是3.3m²/人以上</u>。實際上兩者混用，在待機兒童（申請不到托兒所或幼稚園而只能在家由父母照顧的幼童）人數眾多的情況下，日本厚生勞働省所規定的面積標準事實上無法落實。以本題為例，30m²/15人＝2m²/人，答案為×。

〔育嬰室：0～1歲幼兒不會爬行…1.65m²/人以上
〔爬行室：0～1歲幼兒會爬行……3.3m²/人以上

（4、5歲＜3歲）

育嬰室	＜	育幼室	＜	爬行室
1.65m²/人以上		1.98m²/人以上		3.3m²/人以上

....

答案 ▶ ×

9

托兒所・幼稚園

Q 小學低年級設置特別教室型，高年級設置綜合教室型。

A 所有學科在同一教室（班級教室〔homeroom〕或一般教室〔classroom〕）進行是<u>綜合教室型（activity type）</u>，理化、美術工藝、音樂等需要特殊設備的學科在特別教室（專用教室）進行則是<u>特別教室型（usual & variation type）</u>。小學低年級採綜合教室型，小學中高年級、國中和高中採特別教室型（答案為×）。相對於<u>特別教室</u>，班級教室也稱為<u>普通教室</u>。

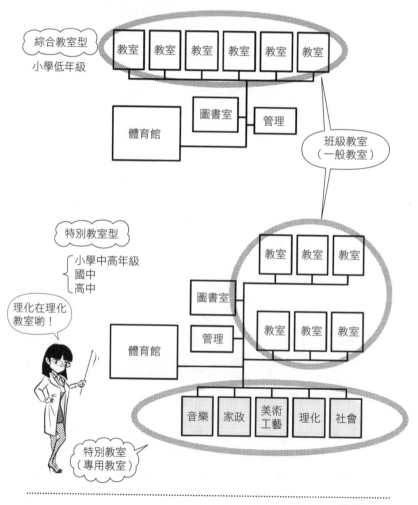

答案 ▶ ×

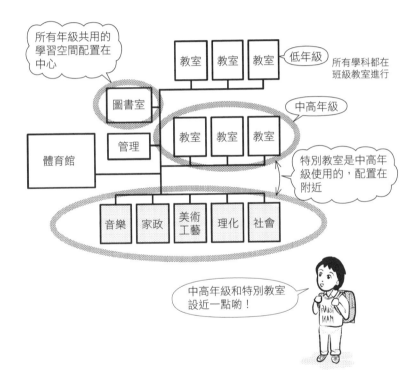

Q 低年級採綜合教室型、高年級採特別教室型的小學，低年級和高年級的教室各自集中，特別教室群配置在高年級的一般教室附近，圖書室等共用學習空間配置在學校的中心。

··

A 低年級和高年級的體格大小、運動能力、沉靜程度不同，所以分組分開配置。特別教室是中高年級使用的，所以配置在中高年級教室附近。圖書室等共用學習空間是所有年級都使用的地方，為了讓各班級容易前往，配置在學校的中心（答案為○）。

10

學校

答案 ▶ ○

Q 1.高中教室的計畫設學科教室型，因應各學科來調整設施和設備。

　　2.學科教室型的中學，每個學科都有專用教室，設置每個班級的班級基地。

....

A 所有學科都在專用教室進行的是<u>學科教室型</u>（variation type），有些國高中採用這種類型。因為沒有班級教室（一般教室），設置<u>置物櫃</u>和<u>班級基地</u>（homebase，班級空間〔homebay〕）（**1**、**2**為○）。

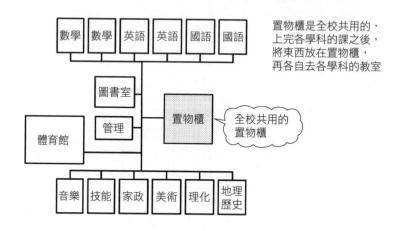

置物櫃是全校共用的，
上完各學科的課之後，
將東西放在置物櫃，
再各自去各學科的教室

全校共用的
置物櫃

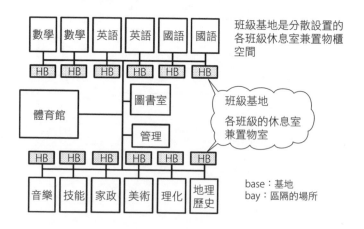

班級基地是分散設置的
各班級休息室兼置物櫃
空間

班級基地

各班級的休息室
兼置物室

base：基地
bay：區隔的場所

....

答案 ▶ **1.** ○　　**2.** ○

Q 混合型是將全部班級分為兩組，一組使用普通教室群時，另一組使用特別教室群的運作方式。

....

A 如果把所有的普通教室都劃分為班級教室，使用特別教室時，普通教室勢必會空下來。這樣特別教室型會有空教室多的缺點。因此，將班級分成 A、B 兩組，一組使用特別教室時，另一組安排使用普通教室的時段，就能減少無謂的空教室。在國高中稱為混合型（platoon type）的教室運作方式，課表時間很難安排，而且需要很多老師，所以付諸實行的例子很少（答案為○）。

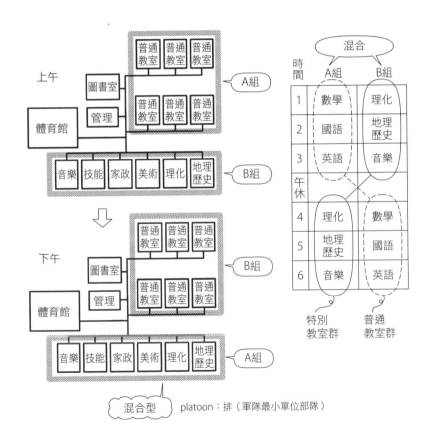

混合型　platoon：排（軍隊最小單位部隊）

10

學校

....

這裡整理教室的運作方式。最普遍的是特別教室型。

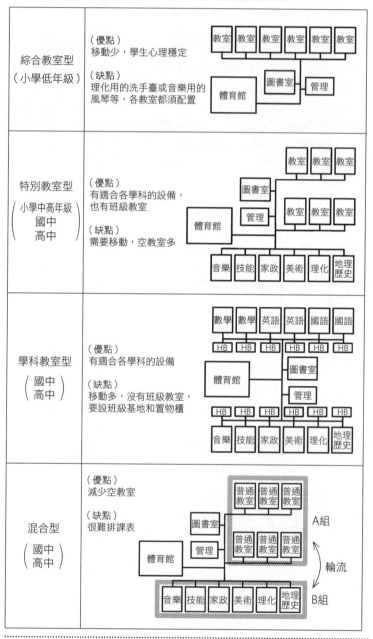

Q 小學的計畫，為了組成有彈性的學習集團，緊鄰一般教室設置開放空間。

....

A 相較於用走廊連接教室的單邊走廊型，在教室外側設置<u>開放空間</u>（open space）的方式變得越來越普遍。具有促進自發性、跨班級學習的效果（答案為○）。

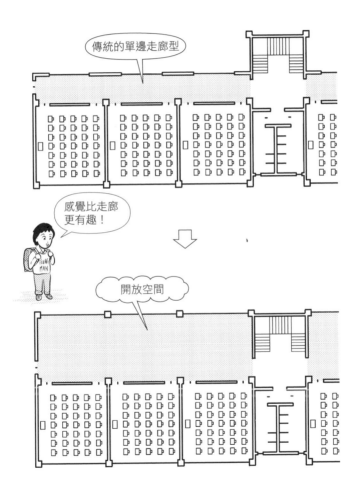

Q 小學的開放空間：

　　1. 為了活用資訊網絡來進行多樣化學習，配置電腦。

　　2. 設置圖書區、作業空間和洗手臺等。

　　3. 教師的工作據點配置在教室附近，以便分散設置各年級教師區。

A 如下圖所示，開放空間設置不同區域，進行多樣化學習和詳盡的指導。為了尊重學生的自主性和主體性而設的空間（**1、2、3**為○）。

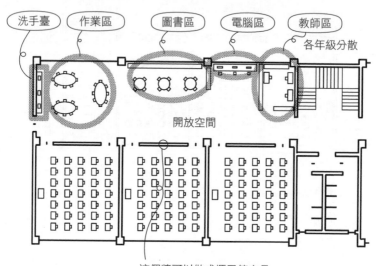

洗手臺　作業區　圖書區　電腦區　教師區

各年級分散

開放空間

這個牆可以做成櫃子等家具，
也可做為大型的可動式隔間，
讓教室更為開放

- 槇文彥設計的加藤學園初等學校（1972年）是最早的開放式計畫學校（open-plan school）實例，教室空間不打造成固定大小。筆者學生時代曾造訪參觀，對於用可動式隔間來區隔大空間的教室，感覺是這種教室對授課或讓學生靜下心來都沒有幫助。經耐震補強後沿用至今，無庸置疑，這是成功實踐開放式學校理念的出色計畫。

答案 ▶ **1.** ○　**2.** ○　**3.** ○

Q 小學的圖書室和特別教室，設想附近居民會使用，配置在做為社區用途的玄關附近。

....

A 日本<u>每 2000～2500 戶（鄰里單元）設置一所小學</u>，多半為社區交流的據點。常開放做為終身學習或運動場所用途的圖書室、特別教室和體育館，設在居民出入口附近，不開放的區域則用上鎖的門或鐵捲門區隔開（答案為○）。

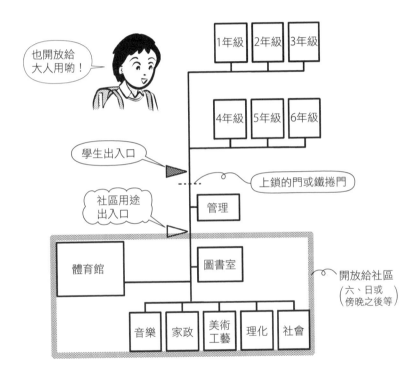

10

學
校

• <u>Coelacanth and Associates 建築事務所（シーラカンス）設計的千葉市立打瀨小學校</u>（1997 年），不僅教室設計出色，做為向街區開放的開放式學校，也是劃時代的計畫。從單向的授課轉變重點為注重自主性的討論會，規畫了許多自由空間。雖然有開放式學校特有的噪音問題，現在仍是圍籬和牆很少的小學，積極運作中。大阪發生「附屬池田小學事件」（一名男子闖入校園隨機殺害師生，2001年）後，不對社區開放的風潮也隨之重新興起，但有研究顯示，圍牆越高則犯罪隨之增加，必須考量開放與封閉的平衡點。

....

答案 ▶ ○

Q 校舍的配置形式有手指型和集群型等。

. . . .

A 如右圖所示，教室的配置
形式，包括<u>手指型（finger
plan）</u>、<u>集群型（cluster
plan）</u>、<u>中間走廊型</u>，以及
複合型等（答案為○）。

手指型
finger：手指

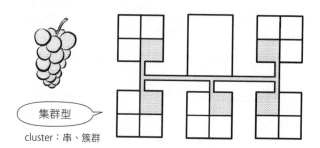

集群型
cluster：串、簇群

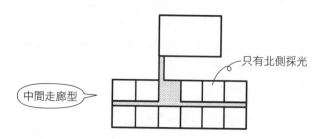

只有北側採光

中間走廊型

. . . .

答案 ▶ ○

Q 1. 小學 42 人的教室大小，設為 7m×9m。
　　2. 面向黑板的左側，配置窗戶。

A <u>7m×9m、天花板高 3m，容納 40 人左右</u>，雖然是明治時代制定的標準，現在仍常沿用。42 人的話，(7m×9m)/42 人＝1.5m²/人，符合基準設定的 1.2～2m²/人（**1** 為○）。左側採光是考量不讓手邊桌面很暗所做的設計（**2** 為○）。

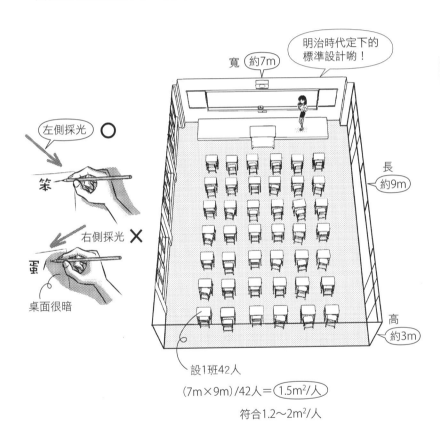

明治時代定下的標準設計喲！

寬　約7m

左側採光 ○

笨

右側採光 ✕

蛋

桌面很暗

長　約9m

高　約3m

設1班42人

(7m×9m)/42人＝1.5m²/人

符合1.2～2m²/人

10

學校

Q 教室的計畫，為了不讓「黑板或布告欄」與「周圍牆壁」的明度對比過大，進行色彩調整。

....

A 黑板或布告欄與牆壁的明度對比過大，眼睛會疲勞。叫做「黑板」卻不是黑色，而是使用深綠色，原因正在於此（答案為○）。順帶一提，<u>色相（hue）、明度（value）、彩度（chroma）</u>稱為<u>色彩三要素</u>，明度是用來表示顏色的明亮程度。

圖中的 $Ca(OH)_2 + CO_2 \longrightarrow CaCO_3 + H_2O$，
是鹼性的混凝土被二氧化碳中和的化學式

● 關於色彩三要素：色相、明度和彩度，請參見拙著《圖解建築物理環境入門》。

答案 ▶ ○

Q 擁有2面一般用籃球場的體育館：

　1.地板的內部尺寸設為45m×35m。

　2.天花板或障礙物的高度設為6m。

A 如下圖所示，有2面籃球場的體育館，地板約45m×約35m、高度須為8m以上（**1**為○，**2**為×）。高中用＞國中用＞小學用，面積越來越小。

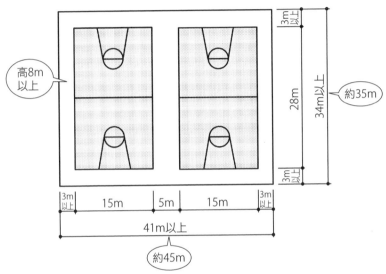

一般用籃球場是15m×28m

Q 擁有2面一般用網球場的體育館：
　　1. 地板的內部尺寸設為45m×35m。
　　2. 天花板或障礙物的高度設為8m。

....

A 與籃球相比，網球飛得較遠，若是2面，要有<u>約45m×約45m、高</u>
　　<u>12.5m以上</u>，需要較大的尺寸（**1**、**2**為×）。

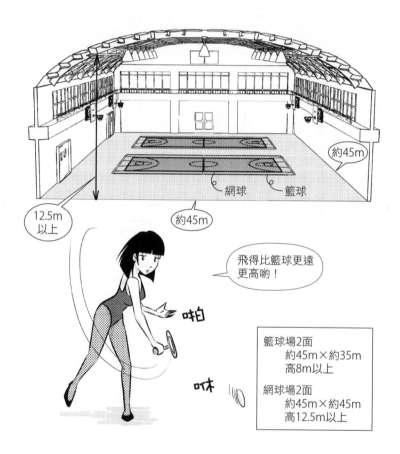

約45m

網球　　籃球

12.5m
以上

約45m

飛得比籃球更遠
更高喲！

啪

咻

籃球場2面
　　約45m×約35m
　　高8m以上

網球場2面
　　約45m×約45m
　　高12.5m以上

網球場

單打　　約8m×約24m
雙打　　約11m×約24m

....

答案 ▶ **1.** × 　**2.** ×

Q 行動圖書館是用車載著圖書到居住社區巡迴，提供圖書館服務的移動式圖書館。

....

A 如下圖所示，移動式圖書館稱為<u>行動圖書館（book mobile）</u>。雖然在日本越來越少，仍用於遞送書籍到沒有圖書館的人口減少地區或偏鄉的學校和設施。筆者小學時代，學校旁常有行動圖書館巡迴（答案為○）。

Q 地區圖書館的借閱用圖書，以開架式提供盡可能多的書籍。

....

A 地區圖書館為了讓閱覽者能自由地與書交流，一般是採書架開放的
開架式（open stack）（答案為○）。

開架式
（自由開架式）

開放的書架，
所以是開架式喲！

以借閱功能為主
……
地區圖書館

借還書櫃檯
……
瀏覽書架或閱覽空間很方便，
但開架式常有書籍遺失或毀損

閱覽空間
……
閱讀書籍文件或
查閱的地方

....

答案 ▶ ○

Q 大型圖書館的貴重書籍館藏管理方式，設為閉架式。

....

A <u>閉架式（closed stack）</u>是封閉的書架館藏管理方式，由圖書館員從
書庫取放書籍。閱覽者無法進入書庫。大型圖書館的貴重書籍等的
館藏管理方式（答案為○）。

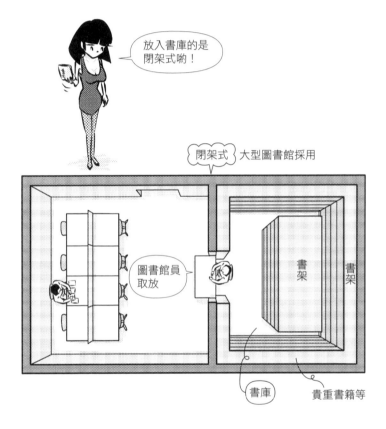

放入書庫的是
閉架式喲！

閉架式　大型圖書館採用

圖書館員
取放

書架　書架

書庫　　貴重書籍等

11

圖書館

....

答案 ▶ ○

Q 1.安全開架式是閱覽者進出書庫時，要接受圖書館員檢查的方式。

2.半開架式是閱覽者越過玻璃或金屬網來選擇書庫裡的書，向圖書館員申請拿取的方式。

A 除了開放式書架的開架式，以及封閉式書架的閉架式之外，還有介於兩者之間的管理方式。

越過玻璃或金屬網來看書庫裡的書，由圖書館員拿出指定的書籍，這種方式是半開架式（局部開架式）。有些是去掉玻璃下半部，讓手指或筆能伸入，方便指定書籍的設計（**2**為○）。

接受圖書館員檢查再進入書庫的是安全開架式（**1**為○）。

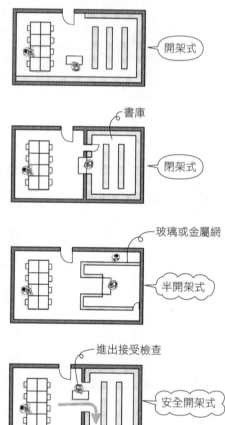

開架式

書庫

閉架式

玻璃或金屬網

半開架式

進出接受檢查

安全開架式

半開放的意思嗎？

答案 ▶ 1. ○　2. ○

Q 開架式書架計畫放入圖書 300〜500 冊/m²。

A 每 1m² 的藏書量隨書架高度、層板高度、書架間隔、書籍厚度等而異，但<u>開架式書架約 170 冊</u>，<u>閉架式書架約 230 冊</u>（答案為 ×）。為了便於觀覽，有時會把書架高度設為約 120cm，藏書量將減少 2/3〜1/2 左右。

約200冊/m²喲！

200±30冊/m²
隨書架高度、層板高度、
書架間隔、書籍厚度等而異

11

圖書館

Q 移動式書架計畫放入圖書 400 冊/m²。

A 如下圖所示，移動式書架（mobile stack）通常書架緊密相接，使用時橫向滑動以節省通道空間。相較於普通書架約 200 冊/m²，可收藏 2 倍數量，約 400 冊/m²（答案為○）。積層式書架（multi-tier stack）是將書架疊成 2 層的方式，不僅確保通道空間，分成 2 層也讓藏書量倍增。

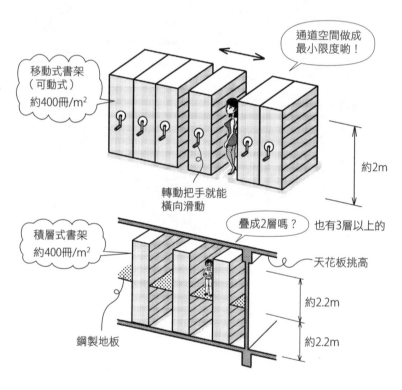

答案 ▶ ○

Q 地區圖書館的計畫，每單位建坪的藏書量，設為40～50冊/m²。

....

A 地區圖書館一般做成開架式。開架式書架約170冊/m²，閉架式書架
　約230冊/m²，但這些是以放置書架的空間每單位樓地板面積來計算
　的數值。以圖書館整體的<u>建坪</u>來看，<u>每1m²約50冊</u>（答案為○）。

建坪
1600m²的計畫 ⇨ 50冊/m²×1600m²＝80000冊

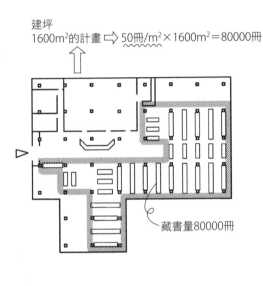

藏書量80000冊

每1m²建坪
50冊嗎？

....

答案 ▶ ○

50冊/m² → 200冊/m² ± α → 400冊/m²，以做為分母的面積來考量，數值會因開架、閉架之別，以及書架的類型而異。這裡再次總整理，請確實記下來吧。

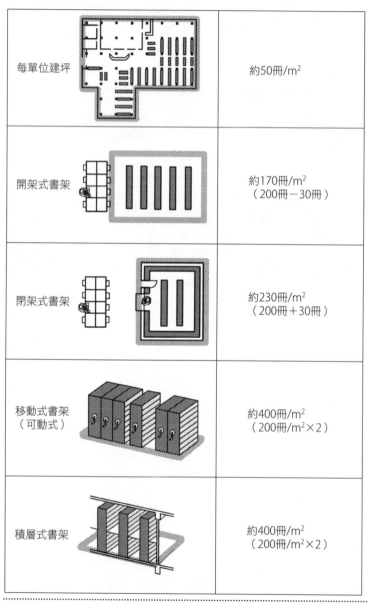

每單位建坪		約50冊/m²
開架式書架		約170冊/m²（200冊－30冊）
閉架式書架		約230冊/m²（200冊＋30冊）
移動式書架（可動式）		約400冊/m²（200冊/m²×2）
積層式書架		約400冊/m²（200冊/m²×2）

Q 為了盡量減少走路的聲音，閱覽室的地板鋪設方塊地毯。

....

A 閱覽室是安靜看書的地方，為了降低腳步聲，鋪設方塊地毯是有效的做法（答案為○）。切割為約50cm見方的方塊地毯，可以單枚掀開，常用於鋪設OA網路地板的辦公室，方便進行地板下配線。只需更換髒污部分，而且維護地板下配線也很輕鬆。和塑膠地板等相比，缺點是容易髒且不易清潔。

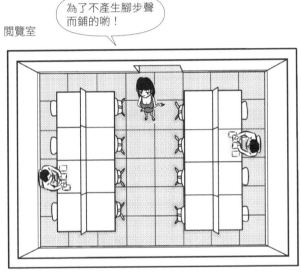

閱覽室

為了不產生腳步聲而鋪的喲！

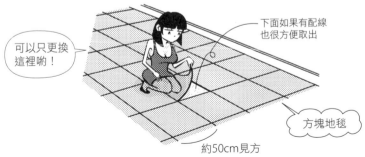

下面如果有配線也很方便取出

可以只更換這裡喲！

方塊地毯

約50cm見方

11

圖書館

....

答案 ▶ ○

Q 地區圖書館的兒童閱覽區，雖然配置在遠離一般閱覽區的位置，但共用借還書櫃檯。

....

A 因為孩童會喧鬧，童書區通常與一般閱覽區分開。如果從入口一進來就分隔開，對一般閱覽區的影響會較小。借還書櫃檯有時是兒童用和一般用共用（答案為○）。

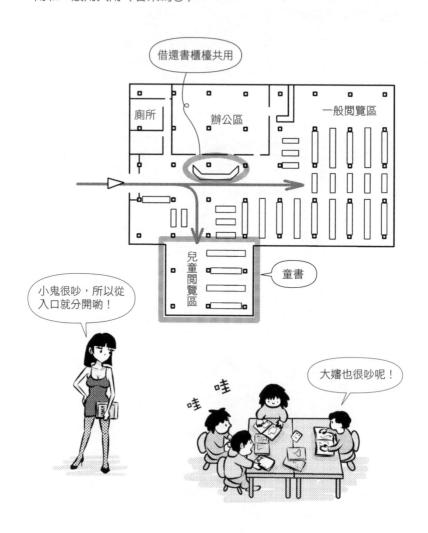

借還書櫃檯共用

廁所　　辦公區　　一般閱覽區

兒童閱覽區　　童書

小鬼很吵，所以從入口就分開喲！

大嬸也很吵呢！

哇　哇

....

Q 卡式閱覽桌是設置在閱覽室等處，前方和側面裝有隔板的１人用桌子。

A 如下圖所示，有隔板的１人用閱覽書桌，稱為**卡式閱覽桌（carrel）**（答案為○）。配置方式也必須配合空間的形狀來考量。

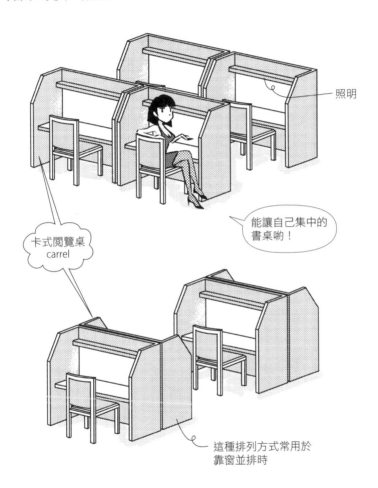

照明

卡式閱覽桌
carrel

能讓自己集中的書桌喲！

這種排列方式常用於靠窗並排時

答案 ▶ ○

路康設計的菲利普斯埃克塞特學院（Phillips Exeter Academy）圖書館，中央挑高部分的周圍是開架式書架，其外側靠窗處設置擺放卡式閱覽桌的閱覽室。3層甜甜圈狀空間，各由不同的結構體支撐。

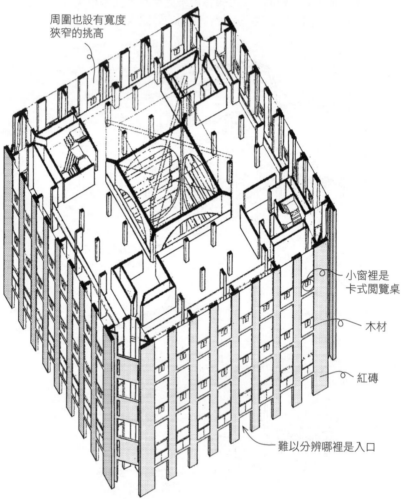

周圍也設有寬度狹窄的挑高

小窗裡是卡式閱覽桌

木材

紅磚

難以分辨哪裡是入口

菲利普斯埃克塞特學院圖書館
（1972年，波士頓北郊的埃克塞特，路康）

● 由紅磚和木材打造的格狀框架沉穩外觀，與校園的其他建物融為一體。進入內部，巨大圓形鏤空的清水混凝土牆面圍繞的大空間，令人驚豔。中央挑高的正統結構的比例讓人感受到獨特性，正是兩者的落差使人印象深刻。用於孟加拉

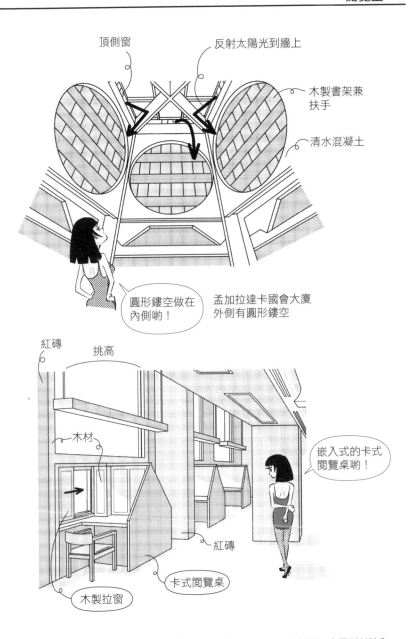

頂側窗

反射太陽光到牆上

木製書架兼扶手

清水混凝土

圓形鏤空做在內側唷！

孟加拉達卡國會大廈外側有圓形鏤空

紅磚

挑高

木材

嵌入式的卡式閱覽桌唷！

紅磚

卡式閱覽桌

木製拉窗

達卡國會大廈（Jatiya Sangsad Bhaban，1962～1974）外側的巨大圓形封於內側，被視為這件作品的成功要素。各部分的細部精心設計在美國相當罕見，美麗絕倫。

Q 書報閱覽區是輕鬆閱讀報章雜誌等的空間。

....

A 悠閒閱讀報章雜誌等的空間，稱為**書報閱覽區**（browsing corner）
（答案為○）。

悠閒瀏覽雜誌的空間喲！

雜誌

報紙

書報閱覽區

browse：（牛等）吃草
　　　　隨意看
　　　　閱覽

browser：瀏覽
　　　　　網路瀏覽器

....

答案 ▶ ○

Q 設置資訊檢索區，做為輕鬆閱讀報章雜誌等的空間。

....

A 資訊檢索區（reference corner）是查詢書籍、調查資料，圖書館員提供協助的地方。題目中所指的是書報閱覽區（答案為×）。

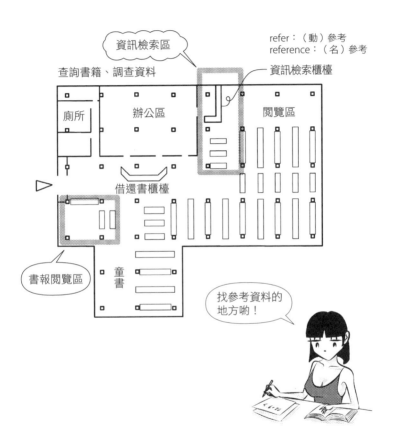

refer：（動）參考
reference：（名）參考

資訊檢索區
查詢書籍、調查資料
資訊檢索櫃檯
廁所
辦公區
閱覽區
借還書櫃檯
書報閱覽區
童書
找參考資料的地方喲！

....

Q 為了避免館內圖書被任意帶走，採用 BDS。

....

A BDS（book detection system，圖書偵竊系統）是未經借閱處理的書
被帶出，會發出警報聲的保全系統（答案為◯）。

....

Q 檢索資訊用的使用者終端機（OPAC），考量訪客的便利性，不會分散設置，而是集中配置在館內入口附近。

....

A 檢索書籍用的OPAC（online public access catalog，線上公用目錄）分散於館內各處，以便能夠馬上查詢（答案為×）。使用電腦的坐式檢索設置在柱子或書架旁等處，也有站立檢索等設計。

11

圖書館

....

Q 醫院收容4名患者的一般病房面積，設為16m²。

....

A 日本醫療法規定，<u>19床以下為「診所」</u>，20床以上為「醫院」。<u>根據醫療法施行規則，一般病房的內部尺寸面積為 6.4m²/床以上</u>。16m²÷4床＝4m²/床，未達基準，所以不可行（參見 R058，答案為 ×）。

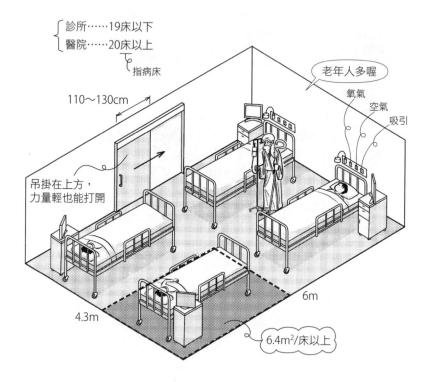

{ 診所……19床以下
{ 醫院……20床以上
　　└→ 指病床

110～130cm

吊掛在上方，
力量輕也能打開

老年人多喔
氧氣
空氣
吸引

6m

4.3m

6.4m²/床以上

• 筆者最近住院的某大學醫院4人房一般病房，實測出入口有效寬度109cm，床：寬100cm、長210cm、高50cm，用餐的移動式床邊桌：寬40cm、長80cm、高76cm，邊桌：寬46cm、長50cm、高89cm，儲物櫃：寬60cm、縱深40cm、高180cm。

....

答案 ▶ ×

Q 一般病房的病床左右留設的間距尺寸，設為100cm。

....

A 病床之間要能推入擔架床（stretcher），所以預留100～140cm的間隔（答案為○）。擔架床本身的寬度是65～75cm左右。

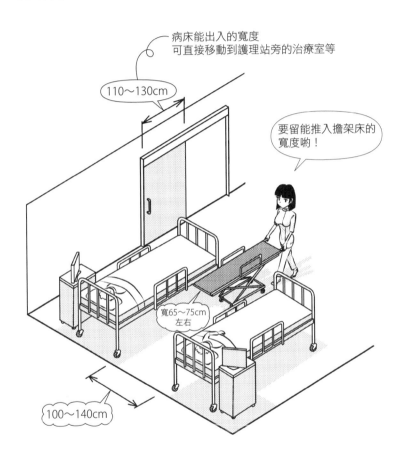

病床能出入的寬度
可直接移動到護理站旁的治療室等

110～130cm

要留能推入擔架床的寬度喲！

寬65～75cm左右

100～140cm

- stretcher原意為「延伸器」。因為擔架能夠延伸攤開，所以搬運患者的擔架（擔架床）稱為stretcher。
- 日本建築師的考古題提過病床間的間距尺寸設為75cm，但要推入擔架床可能略顯狹窄。

....

答案 ▶ ○

Q 病床數400床的綜合醫院建坪，設為8000m²。

··

A 500床以上綜合醫院每床單位建坪，因為檢查機器等設備大型化和多樣化、醫院增設單人房、共用區域大型化等，與時俱進越來越大。每床單位建坪，平均為<u>85m²/床</u>。以本題為例，8000m²/400床＝20m²/床，顯然不足（答案為×）。

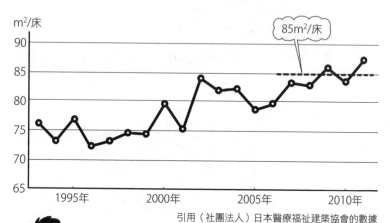

引用（社團法人）日本醫療福祉建築協會的數據

醫院也越來越大呀？

Q 醫院的總建坪中，病房部所占的樓地板面積是 60〜70%。

A 因為還有診療部（門診、中央）、服務部、管理部，所以<u>病房部約
40%</u>（答案為 ✕ ）。

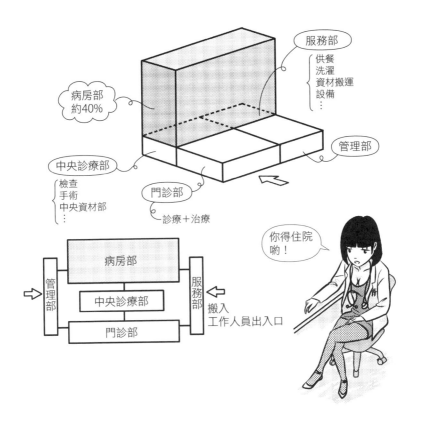

服務部
供餐
洗濯
資材搬運
設備
…

病房部
約40%

管理部

中央診療部
檢查
手術
中央資材部
…

門診部
診療＋治療

病房部

中央診療部

管理部

服務部

門診部

搬入
工作人員出入口

你得住院喲！

12

醫院

Q 一般病房的一般照明，設為間接照明。

....

A 眼睛正上方有<u>直接照明</u>的話，會太亮而無法安眠。因此，如下圖所
　 示，直接照明設在距離眼睛較遠的位置並移動拉簾隔開，或改成<u>間
　 接照明</u>等（答案為○）。

Q I護理單位包含的病床數，小兒科比內科多。

⋯⋯⋯⋯⋯⋯⋯⋯⋯⋯⋯⋯⋯⋯⋯⋯⋯⋯⋯⋯⋯⋯⋯⋯⋯⋯⋯⋯

A 護理師、藥劑師、物理治療師等組成團隊，負責一定人數的患者。以負責的患者做為組別，稱為護理單位（nursing unit）。I護理單位，內科、外科為40～50床左右，婦產科、小兒科是30床左右（答案為×）。

護理單位
- 內科、外科　　　⋯⋯40～50床左右
- 婦產科、小兒科⋯⋯30床左右

Q 為了避免非相關人士進入，護理站盡可能設在遠離樓梯或電梯的位置為佳。

A 護理站設在緊鄰電梯或樓梯，可以監視監督進出病房的人的位置（答案為×）。

設在靠近電梯、病房區中心，
可以監視進出人士和整個病房區的位置

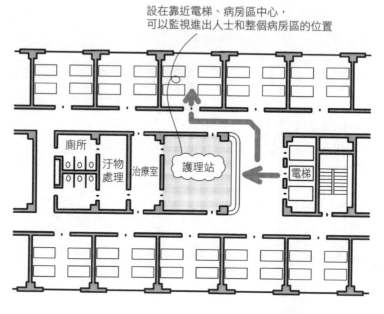

廁所

汙物
處理

治療室

護理站

電梯

護士是
中心喲！

答案 ▶ ×

Q 新生兒室計畫為緊鄰護理站，同時可以從走廊透過玻璃看見室內。

....

A <u>新生兒室</u>緊鄰護理站，而且為了預防感染並便於照看兩者，用透明玻璃隔開。此外，為了從走廊也能清楚看見，一樣是裝設透明玻璃來隔開走廊（答案為○）。

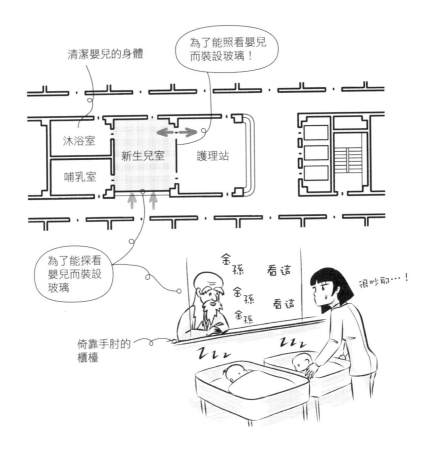

....

答案 ▶ ○

Q 休息室是讓住院患者放鬆，或與訪客會面、談話的房間。

A day room（休息室）直譯是白天的房間，指醫院或學校的談話室、娛樂室。醫院的休息室是讓患者放鬆、與訪客會面、用餐的空間（答案為○）。設在入口、電梯或護理站附近。

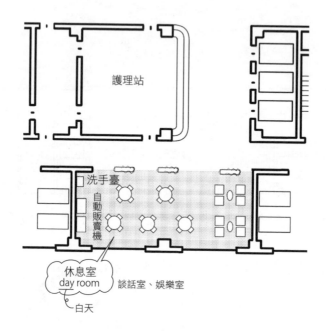

護理站

洗手臺

自動販賣機

休息室
day room ── 談話室、娛樂室

白天

答案 ▶ ○

Q 綜合醫院的中央診療部設在門診部與病房部的中間，方便兩者聯絡的位置。

A 中央診療部是檢查部、放射線部、手術部、婦產部、中央資材部（供應中心）、藥局、輸血部、復健部等，集合各科共通功能的診療部。適合設在門診部和病房部兩者都方便聯絡的地方（答案為○）。

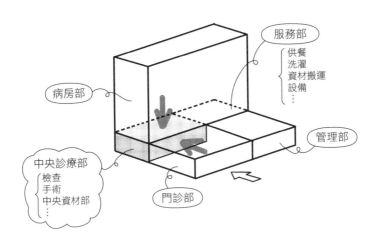

服務部
供餐
洗濯
資材搬運
設備
…

病房部

管理部

中央診療部
檢查
手術
中央資材部
…

門診部

中央診療部配置在中央喲！

那麼要進行切斷了

距離門診和病房都很近的位置呀？

哇啊啊

Q 手術部盡可能與外科病房同一層，多設在中央診療部的頂層。

....

A <u>手術部配置在緊鄰外科病房、放射線部、ICU（加護病房）、中央資材部等密切相關的各部附近</u>（答案為○）。

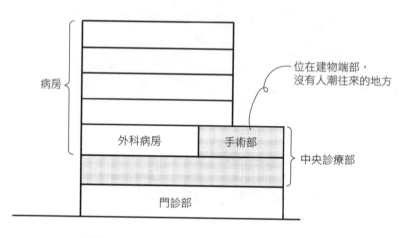

病房

位在建物端部，沒有人潮往來的地方

外科病房 | 手術部

中央診療部

門診部

手術室和外科病房很近喲！

割 割

從外科病房送來的

呀

....

答案 ▶ ○

Q 中央資材部配置在方便與手術室聯繫的位置。

A 關於手術和病房使用的手術刀、剪刀、拉勾、鑷子、注射器等醫療器具和醫療物品的保管、洗淨、消毒、殺菌、維護、採購、廢棄物處理等，負責管理的是<u>中央資材部</u>（供應中心）。配置在手術室附近（答案為○）。

中央資材部
（供應中心）

大型殺菌機

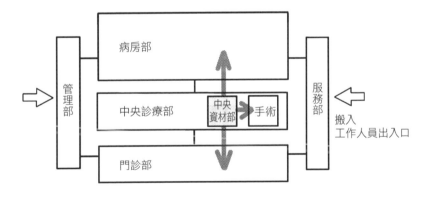

病房部

管理部

中央診療部

中央資材部 ➡ 手術

服務部

門診部

搬入
工作人員出入口

答案 ▶ ○

Q 醫院的手術室設有前室，出入口設為自動門。

....

A 為了防止細菌侵入，設有前室，設置自動門讓手無須接觸（答案為
○）。避免在有人經過時自動開闔，一般是用腳踩開關來操作開闔
的腳踏開關（footswitch）。

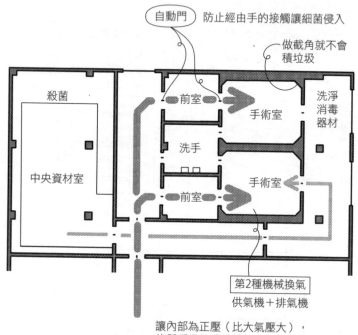

自動門　　防止經由手的接觸讓細菌侵入

做截角就不會
積垃圾

殺菌

前室　　　　手術室　　洗淨
　　　　　　　　　　　消毒
　　　　　　　　　　　器材

中央資材室　　洗手

　　　　　　　手術室

前室

第2種機械換氣
供氣機＋排氣機

讓內部為正壓（比大氣壓大），
使懸浮微粒或細菌無法從外部進入，
做為<u>無菌室</u>（bioclean room）

....

答案 ▶ ○

Q 醫院的診療室配置在治療室旁邊。

....

A 為了看診後能立刻處理治療，診療室和治療室緊鄰配置（答案為
○）。

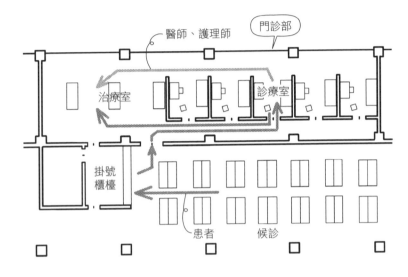

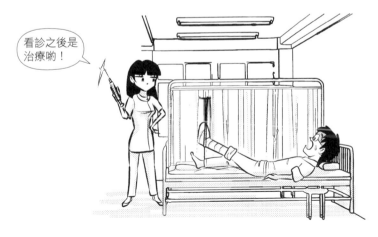

12

醫院

....

答案 ▶ ○

Q 醫院內走廊的防撞護牆扶手下端高度，設為1m。

A 為了防止擔架床損傷牆壁，牆上設有防撞護牆扶手。擔架床高約75cm，所以防撞護牆扶手的高度是70～90cm（答案為×）。

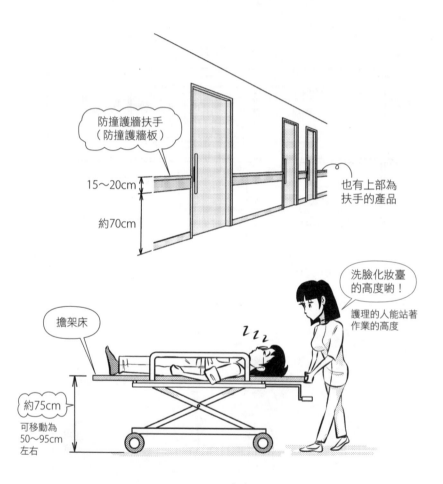

防撞護牆扶手
（防撞護牆板）

15～20cm

約70cm

也有上部為扶手的產品

洗臉化妝臺的高度喲！

護理的人能站著作業的高度

擔架床

約75cm

可移動為50～95cm左右

答案 ▶ ×

Q **1.** X光室的地板材使用導電的材料。

　　2. X光室使用鉛板等來遮蔽X光。

　　3. 診所的X光室設在診療室和治療室附近。

A X光機使用強電流，有觸電的危險，所以地板用電絕緣的材料（**1**
　 為×）。此外，為了遮蔽X光，要用鉛板或混凝土圍起（**2**為○）。
　 診所X光室的位置如下圖所示，設在診療室和治療室附近，可以縮
　 短動線，比較方便（**3**為○）。

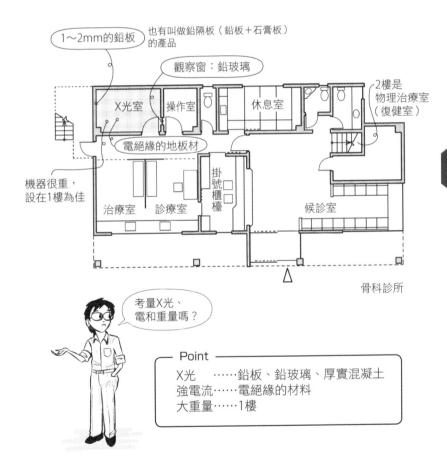

骨科診所

考量X光、
電和重量嗎？

─ Point ─

X光 ……鉛板、鉛玻璃、厚實混凝土

強電流……電絕緣的材料

大重量……1樓

12

醫
院

Q 展示日本畫的牆面照度，設為500～750lx。

....

A 日本畫容易受損，所以展示牆面的照度設為150～300lx（答案為 ×）。(譯注)

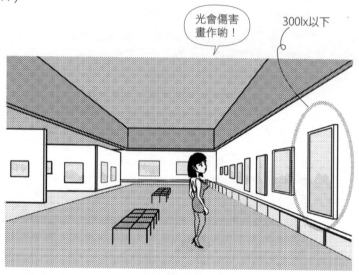

> 光會傷害
> 畫作喲！

300lx以下

東山魁夷館（1990年，長野，谷口吉生）

就在善光寺旁，造訪長野時請務必駐足參觀。
與東山魁夷簡約畫作融為一體，
單純明快摩登設計風格的美術館。
美術館建築內部的設計複雜，不僅難以展示畫作，
也不容易欣賞，實為可惜。

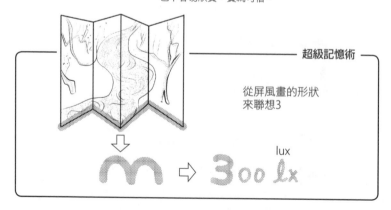

―― 超級記憶術

從屏風畫的形狀
來聯想3

lux
m ⇒ 3oo lx

....

譯注：入射到被照面的每單位面積光通量稱為照度（illumination），單位是 lm/m² 或 lx 或 lux。

....

答案 ▶ ×

Q 1. 展示西畫的牆面照度，設為400lx。

　　2. 美術館展覽室的計畫，為了補充使用自然採光而光量不足的情況，用高演色性螢光燈來照明。

A 展示牆面的照度，<u>日本畫是150～300lx，西畫是300～750lx</u>（**1**為○），但實際上為了保護畫作，多半一直用低照度來展示。記住日本畫是300lx以下，西畫是300lx以上。為了能清楚欣賞畫作色彩，使用自然採光或高演色性的白光照明器具（**2**為○）。

可以混用自然光和照明喲！

高窗

反射板：照明內側

勒・羅許―珍奈勒別墅工作室
（1923年，巴黎，柯比意）

● 柯比意在1920年代設計的白色住宅，重視做為畫室的高窗、挑高，以及能環顧四周的梭巡路線等，處處可見工夫。

答案 ▶ 1. ○　2. ○

13

美術館・博物館

Q 巴黎的橘園美術館是整建橘樹溫室而成的印象派美術館。

....

A 橘園美術館（Musée de l'Orangerie）是在昔日的橘樹溫室中，套入鋼筋混凝土造的箱型構造物，做為主要收藏印象派作品的美術館。特別是橢圓形房間設有天窗（top light），展示莫內作品《睡蓮》的房間，巨大的《睡蓮》畫作圍繞，形成獨特的展示空間（答案為○）。

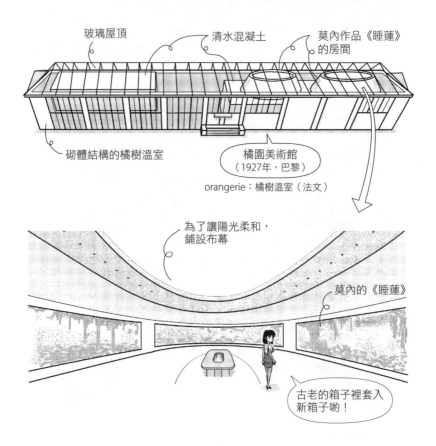

玻璃屋頂　　　　清水混凝土　　　　莫內作品《睡蓮》的房間

砌體結構的橘樹溫室

橘園美術館
（1927年，巴黎）

orangerie：橘樹溫室（法文）

為了讓陽光柔和，鋪設布幕

莫內的《睡蓮》

古老的箱子裡套入新箱子喲！

....

答案 ▶ ○

Q 巴黎的奧塞美術館是將火車站改造成為主要收藏印象派作品的美術館。

A 整建奧塞車站而成的奧塞美術館（Musée d'Orsay），建物結構是將展覽室配置在中央有著天窗的巨大空間周圍（答案為○）。

巴黎的奧塞車站 ⟶ 奧塞美術館
（1900年）　　　（1986年）

曾是月臺和軌道的空間

自然光灑落的明亮大空間喲！

13

美術館‧博物館

● 沉穩外觀的內部是明亮的大空間，與繪畫史上絢麗時代的眾多畫作相伴，對筆者來說是世界上最喜歡的美術館。外觀所見大時鐘的內側為咖啡廳，從咖啡廳可越過時鐘看塞納河和羅浮宮，是筆者鍾愛的地方。

答案 ▶ ○

Q 巴黎羅浮宮的玻璃金字塔和其地下建物是改建Ｕ字型舊皇宮，將前
往美術館的動線統整為清楚明瞭的計畫。

....

A 由數棟建物組成的巨大羅浮宮，入口曾經比比皆是。貝聿銘的計畫
是從位在中央的玻璃金字塔向下延伸，藉由地下通道前往各建物。
不僅動線簡潔明快，玻璃金字塔也不破壞周遭環境，同時展現堅定
自信（答案為○）。

中世紀要塞 → 近代宮殿 → 1793年美術館 → 1989年玻璃金字塔等的修建

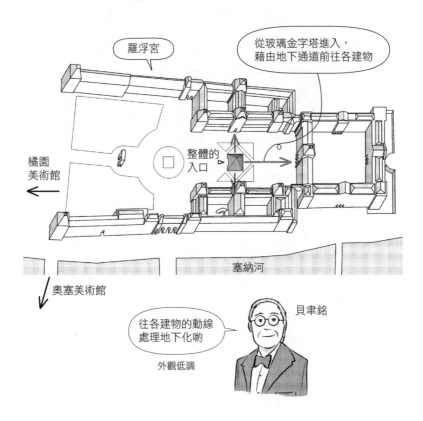

從玻璃金字塔進入，
藉由地下通道前往各建物

羅浮宮

橘園
美術館

整體的
入口

塞納河

奧塞美術館

往各建物的動線
處理地下化喲

貝聿銘

外觀低調

....

答案 ▶ ○

Q 義大利維洛納（Verona）的老城堡美術館是改造歷史建物市政廳而成的市立美術館。

A castel 是城堡之意，<u>老城堡美術館（Museo di Castelvecchio）</u>是卡羅·斯卡帕（Carlo A. Scarpa）改建中世紀的老城堡（Castelvecchio）而成的美術館（答案為×）。用金屬、石材等硬材料打造美麗的細部，展現鮮明的設計。

中世紀的老城堡
↓
老城堡美術館
（1964年，斯卡帕改建設計）

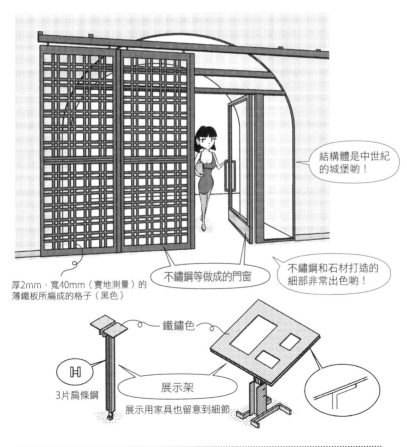

結構體是中世紀的城堡喲！

不鏽鋼和石材打造的細部非常出色喲！

不鏽鋼等做成的門窗

厚2mm、寬40mm（實地測量）的薄鐵板所編成的格子（黑色）

鐵鏽色

3片扁條鋼

展示架

展示用家具也留意到細節

答案 ▶ ×

Q 倫敦泰特現代美術館是改造二戰後復興時期興建的火力發電廠而成的現代藝術美術館。

....

A 由廢棄的發電廠改建而成的泰特現代美術館（Tate Modern），利用曾置放發電機的大空間，形成富魅力的近現代藝術美術館（答案為○）。隔著泰晤士河，經由千禧橋（Millennium Bridge）與聖保羅大教堂（St Paul's Cathedral）相連，成為開發較晚的南岸受矚目的景點。不管是橘園美術館、奧塞美術館、羅浮宮、老城堡美術館、泰特現代美術館或路易斯安那現代藝術博物館（Louisiana Museum of Modern Art，哥本哈根北郊），都是在舊建物上增添創意，反覆增改建或改造而成的美術館。具有單一建築師打造的建物所沒有的獨特魅力。

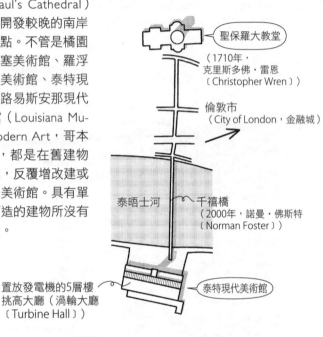

聖保羅大教堂
（1710年，
克里斯多佛·雷恩
〔Christopher Wren〕）

倫敦市
（City of London，金融城）

泰晤士河　　千禧橋
（2000年，諾曼·佛斯特
〔Norman Foster〕）

置放發電機的5層樓
挑高大廳（渦輪大廳
〔Turbine Hall〕）

泰特現代美術館

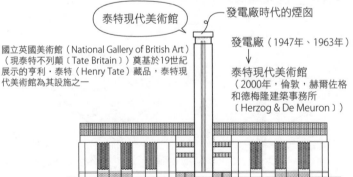

泰特現代美術館　　發電廠時代的煙囪

國立英國美術館（National Gallery of British Art）
（現泰特不列顛〔Tate Britain〕）奠基於19世紀
展示的亨利·泰特（Henry Tate）藏品，泰特現
代美術館為其設施之一

發電廠（1947年、1963年）

泰特現代美術館
（2000年，倫敦，赫爾佐格
和德梅隆建築事務所
〔Herzog & De Meuron〕）

....

答案 ▶ ○

Q 小型展覽室為了不讓訪客逆向或交錯，設為單行的動線計畫。

A 如下圖所示，小型展覽室的動線像是一筆畫的單行線般來配置展板
（答案為○）。美術館整體則是各處設有捷徑、旁路和休息空間，以
便訪客可以自由行動。

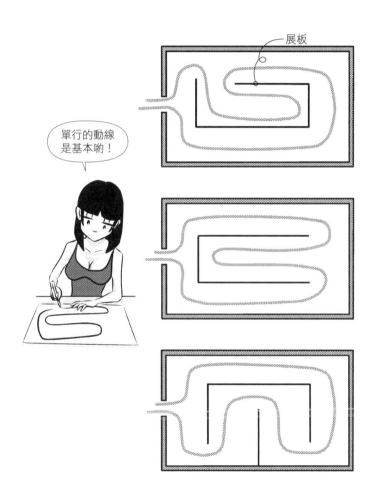

展板

單行的動線
是基本喲！

13

美術館・博物館

• 建物分散配置而採洄游動線時，有時動線會單向通行。哥本哈根北郊的路易斯
安那現代藝術博物館（1958～1998）在平面圖上是冗長的單向通行結構，但與
周遭自然及聚落融為一體的設計秀逸非凡。即使造訪至今已逾三十年，那份感
動仍留在筆者心中。

答案 ▶ ○

Q 紐約古根漢美術館是搭電梯到頂樓，沿著螺旋狀坡道往下，一邊欣賞畫作等的動線計畫。

....

A 古根漢美術館（Solomon R. Guggenheim Museum）是邊沿著坡道邊往下欣賞，幾乎都是單向通行的動線計畫（答案為○）。身後挑高，在坡道上欣賞畫作，有點讓人難以靜心，且動線只有單向通行而沒有其他選擇，是具強制性的空間。然而，天窗灑落光線的中央挑高空間，多次造訪仍令人震撼。

古根漢美術館（1959年，紐約，
法蘭克・洛伊・萊特）

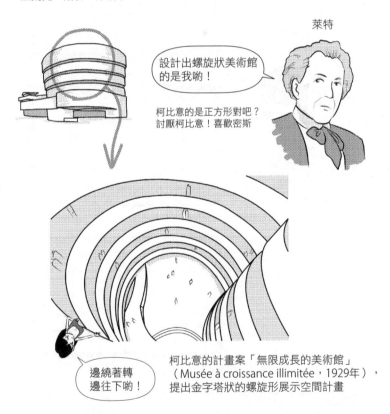

萊特

設計出螺旋狀美術館
的是我喲！

柯比意的是正方形對吧？
討厭柯比意！喜歡密斯

邊繞著轉
邊往下喲！

柯比意的計畫案「無限成長的美術館」
（Musée à croissance illimitée，1929年），
提出金字塔狀的螺旋形展示空間計畫

....

答案 ▶ ○

Q 不讓高齡者、身心障礙者等的設施與社區隔離，而是和健康的人彼此互助生活，以實現正常社會的理念，稱為正常化。

A 不採行隔離而是向社區開放，大家彼此互助生活的是正常的社會，而達成這種正常便稱為<u>正常化（normalization）</u>（答案為○）。這項理念源自於丹麥的智能障礙者設施改善運動。創造向社區開放的高齡者設施等場所的計畫，就是考量正常化的做法。

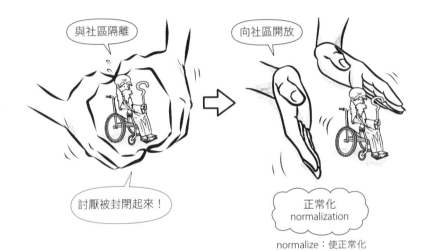

14

社會福利設施

Q 特別養護老人之家是為不需隨時照護，但在家無法獲得照護的高齡者所設的設施。

A 在日本，<u>特別養護老人之家</u>是為65歲以上居家照護困難，且需照護程度高的人所設的設施。因為需要隨時照護，所以答案為✕。

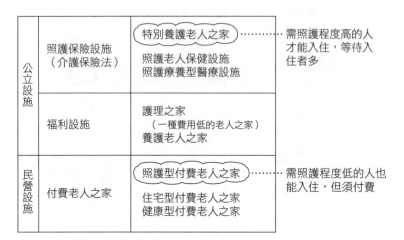

公立設施	照護保險設施（介護保險法）	⟨特別養護老人之家⟩ 照護老人保健設施 照護療養型醫療設施	需照護程度高的人才能入住，等待入住者多
	福利設施	護理之家 　（一種費用低的老人之家） 養護老人之家	
民營設施	付費老人之家	⟨照護型付費老人之家⟩ 住宅型付費老人之家 健康型付費老人之家	需照護程度低的人也能入住，但須付費

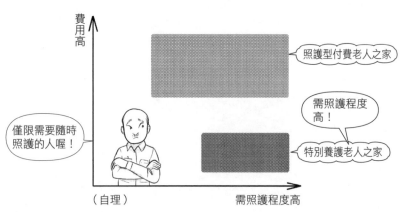

● 上表的公立和民營是概略的區分，也有接受公家補助的民營特別養護老人之家、公營團體家屋、日間照護（參見R254）。

Q 照護老人保健設施是為不需住院治療，但要接受能返家生活的機能訓練或需要護理、照護的高齡者所設的設施。

A 照護老人保健設施是為病情穩定不需住院，但在醫療管理下照護和進行復健等，以期返家生活的高齡者所設的設施（答案為○）。

公立設施	照護保險設施（介護保險法）	特別養護老人之家
		照護老人保健設施 ……… 在醫療管理下進行恢復期的照護和復健，以期返家生活
		照護療養型醫療設施 …… 需要醫療治療的情況
	福利設施	護理之家 養護老人之家
民營設施	付費老人之家	照護型付費老人之家 住宅型付費老人之家 健康型付費老人之家

努力復健要趕快回家呀！

費用高

照護型付費老人之家

目標是能自理、返家生活

照護老人保健設施

特別養護老人之家

（自理）　　　　　　　需照護程度高

14

社會福利設施

Q 護理之家是為較難獲得家人協助的高齡者提供日常生活必要的服務，同時由其自理生活所設的設施。

A 需照護程度低的高齡者，接受用餐、入浴等服務，同時自理生活，這樣的設施是<u>護理之家</u>（答案為○）。

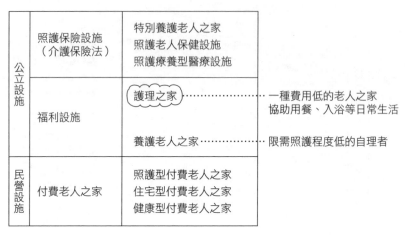

公立設施	照護保險設施（介護保險法）	特別養護老人之家 照護老人保健設施 照護療養型醫療設施
	福利設施	護理之家 ⋯⋯⋯⋯⋯⋯ 一種費用低的老人之家 協助用餐、入浴等日常生活 養護老人之家 ⋯⋯⋯⋯ 限需照護程度低的自理者
民營設施	付費老人之家	照護型付費老人之家 住宅型付費老人之家 健康型付費老人之家

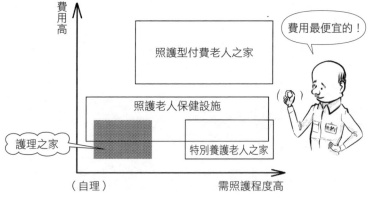

費用高

照護型付費老人之家

照護老人保健設施

護理之家

特別養護老人之家

費用最便宜的！

（自理）　　　　　　　　　　需照護程度高

答案 ▶ ○

Q 失智症高齡者團體家屋是為需要照護的失智症高齡者提供入浴和用餐等照護，同時共同生活所設的設施。

A （失智症高齡者）團體家屋（group home）是提供5～9人以下的失智症高齡者共同生活的設施（答案為○）。

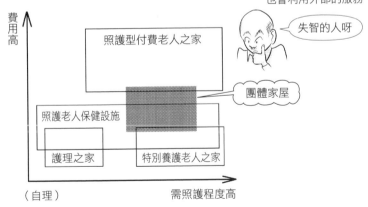

	照護保險設施 （介護保險法）	特別養護老人之家 照護老人保健設施 照護療養型醫療設施
公立設施	福利設施	護理之家 養護老人之家
民營設施	付費老人之家	照護型付費老人之家 住宅型付費老人之家 健康型付費老人之家
	其他	團體家屋 ·············· 失智症高齡者 日間照護

失智症高齡者
以1組（5～9人以下）
為單位共同生活，
也會利用外部的服務

費用高

照護型付費老人之家

失智的人呀

團體家屋

照護老人保健設施

團體家屋

護理之家　　特別養護老人之家

（自理）　　　　　　　需照護程度高

Q 老人日間照護中心是為接受居家照護的高齡者提供入浴和用餐等照護，同時共同生活所設的設施。

A （老人）日間照護（中心）的英文 day service，和醫院休息室的英文 day room，兩者的 day 同樣是指白天的意思，只有白天前往接受照護的設施（答案為○）。

公立設施	照護保險設施（介護保險法）	特別養護老人之家 照護老人保健設施 照護療養型醫療設施
	福利設施	護理之家 養護老人之家
民營設施	付費老人之家	照護型付費老人之家 住宅型付費老人之家 健康型付費老人之家
	其他	團體家屋 日間照護

只有白天前往
用餐、入浴、復健等照護

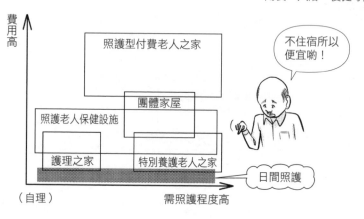

費用高

照護型付費老人之家

團體家屋

照護老人保健設施

護理之家　特別養護老人之家

日間照護

不住宿所以便宜喲！

（自理）　　需照護程度高

答案 ▶ ○

Q 2000〜2500戶左右的住宅區計畫：
　1. 住宅區周圍以幹線道路來區劃。
　2. 住宅區的中心部分配置一所小學。

A 2000〜2500戶左右的住宅區，稱為<u>鄰里單元（neighbourhood unit）</u>。以車流量多的幹線道路來劃分，其中央附近配置小學。車輛較少的住宅區內，讓小孩可以走路通學（**1**、**2**為○）。

2000〜2500戶
鄰里單元

實際的鄰里單元
比這張圖的區域大

鄰里單元是
基本單位喲！

中心附近
是小學

方便各戶前往

車流量多的幹線
道路在邊緣位置

以幹線道路來設
鄰里單元區劃

15

答案 ▶ **1.** ○　　**2.** ○

Q 2000～2500戶左右的住宅區計畫：
　　1. 住宅區總面積約10%，設為公園或運動場的遊憩用地。
　　2. 商店街或購物中心配置在住宅區周邊的十字路口附近。

A 鄰里單元約10%設為公園等，購物中心等配置在周邊十字路口附
　　近，讓生活更便利（**1**、**2**為○）。

2000～2500戶
鄰里單元

鄰里單元也包含
公園和超市喲！

購物中心

公園

答案 ▶ **1.** ○　　**2.** ○

Q 400～500戶左右的住宅區計畫：

   1. 住宅區中心部分配置一所小學。

   2. 住宅區中心部分配置一所幼稚園。

....

A 400～500戶左右的住宅區，稱為<u>鄰里單元分區</u>（<u>branch unit of neighbourhood</u>）。鄰里單元分區裡有一所幼稚園較理想，鄰里單元則是有一所小學（**1**為×，**2**為○）。記住「單元」與「單元分區」的差別吧。

答案 ▶ **1.** ✕   **2.** ○

Q 每20～40戶左右的鄰里區組，計畫做為公共設施的兒童遊樂設施。

....

A 20～40戶、鄰居會往來的單位，稱為<u>鄰里區組</u>（neighbour group）。鄰里區組有小型兒童遊樂設施較理想（答案為○）。下表是從鄰里區組到地區所對應的教育設施和公園綠地設施，至少記住這些內容吧。

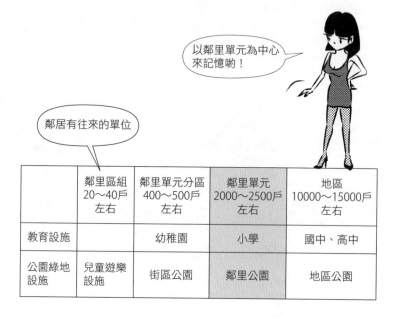

以鄰里單元為中心來記憶喲！

鄰居有往來的單位

	鄰里區組 20～40戶 左右	鄰里單元分區 400～500戶 左右	鄰里單元 2000～2500戶 左右	地區 10000～15000戶 左右
教育設施		幼稚園	小學	國中、高中
公園綠地設施	兒童遊樂設施	街區公園	鄰里公園	地區公園

....

答案 ▶ ○

Q 千里新市鎮、哈洛新市鎮是根據鄰里單元方式計畫的。

A 哈洛新市鎮（Harlow New Town，英國，1947年～）、千里新市鎮（千里ニュータウン，大阪府，1958年～）等大規模的新市鎮，採用鄰里單元方式（答案為○）。鄰里單元理論是美國都市計畫學家克拉倫斯・培雷（Clarence Perry）在1924年提倡的。

千里新市鎮
日本最早的大規模新市鎮

幾個單元聚集而成的地區嗎？

中央地區中心

北地區中心

鄰里單元

鄰里單元

地區

地區

南地區中心

15

都市計畫

Q 高藏寺新市鎮（愛知縣）摒除鄰里單元的組成，設為單一中心式。

....

A 集結鄰里單元來組成地區，每個地區設置中心的方式，缺點是整體同質化而變得單調。高藏寺新市鎮（1960年〜）在中心打造大規模的市鎮中心，再從那裡向周圍延伸分布天橋廊（pedestrian deck），採單一中心式（one-center type）（答案為○）。

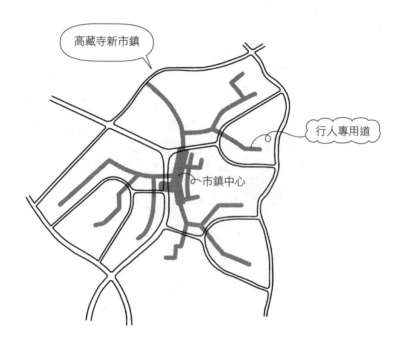

答案 ▶ ○

Q 天橋廊是為了將人與車分開，在車道上空架高等的立體化行人專用道。

A pedes是拉丁文「行人」的意思，pedestrian則是英文「行人」或「步行的」之意。deck原意是船的甲板，延伸為意指鋪有板子的平臺、從地面架高的地板狀之物。pedestrian deck（天橋廊）是從車道架高的行人專用道，在日本常用於從車站剪票口走到外面的地方（答案為○）。

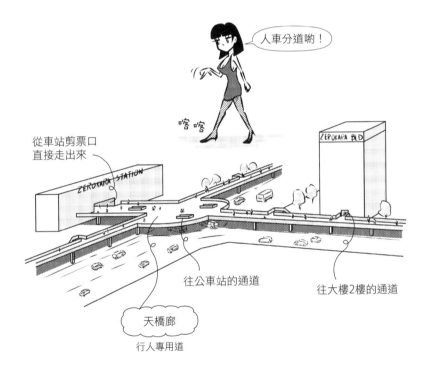

● 香港的街區大量使用天橋廊。x方向有車道和步道，越過其上的y方向有好幾條天橋廊通過，立體化的動線趣味十足。此外，新開發的區域也可以經由天橋廊前往各個地方。

答案 ▶ ○

15 都市計畫

Q 囊底路是為了防止車輛通行、有折返空間的死巷。

. . . .

A <u>cul-de-sac（囊底路）</u>是法文「死路」之意（日文為「袋小路」）。避免車輛通行，以提高住宅地區安全而規畫的道路形式（答案為○）。

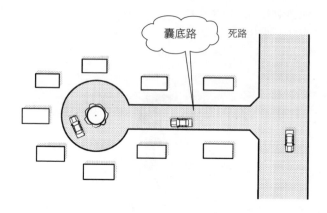

答案 ▶ ○

Q 雷特朋系統是指車輛從幹線道路進入囊底路後與各住戶連通，行人從設在住戶周邊綠地的行人專用道前往學校和商店的方式。

A 設囊底路來避免車輛通行、行人利用綠地上的行人專用道前往學校和商店的人車分道系統，稱為雷特朋系統（Radburn System）（答案為○）。得名自紐約近郊打造的新市鎮雷特朋。

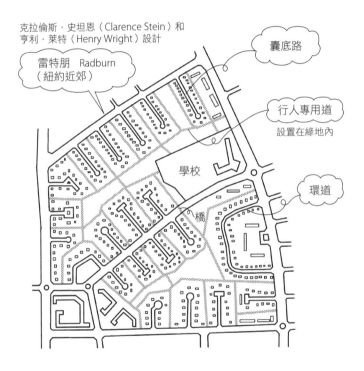

克拉倫斯・史坦恩（Clarence Stein）和亨利・萊特（Henry Wright）設計

雷特朋　Radburn（紐約近郊）

囊底路

行人專用道
設置在綠地內

學校

環道

橋

15

都市計畫

Q 1. 生活化道路是行人與車輛分開的道路形式。

2. 路拱是道路上設置的凹凸。

3. 減速彎道是為了讓車無法直行而將車道設為曲折或彎曲。

....

A 在道路上設S型曲折（<u>減速彎道〔chicane〕</u>）或小隆起（<u>路拱</u>〔hump〕）等，讓車輛<u>減速</u>，實現人車共存的是<u>生活化道路</u><u>（woonerf）</u>（**1**為✗，**2**、**3**為○）。woonerf是荷蘭文「生活庭園」之意，延伸為道路非車輛專用，而主要是讓人來使用的想法。在敷地狹小的日本，生活化道路比雷特朋系統更實際。

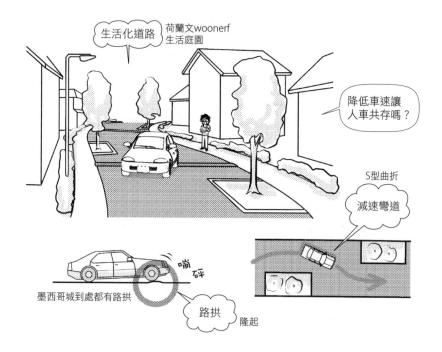

生活化道路

荷蘭文woonerf
生活庭園

降低車速讓
人車共存嗎？

S型曲折

減速彎道

噹
砰

墨西哥城到處都有路拱

路拱　隆起

....

答案 ▶ **1.** ✗ 　**2.** ○ 　**3.** ○

Q 停轉乘是為了減少進入市中心的車流量，讓車只能開到周邊車站設置好的停車場，再利用大眾運輸移動至市中心的做法。

A 停轉乘（park & ride）是為了改善都會區交通混雜的狀況，讓車停在市郊的停車場，再搭電車或公車等前往市中心（答案為○）。巴黎舊街區現在限制車輛駛入，並在主要地點配置公共自行車。

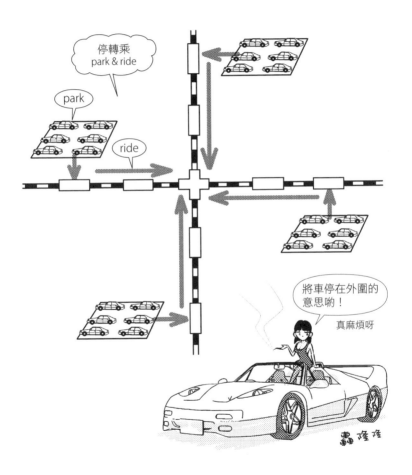

15

都市計畫

Q 運輸廊道是一種步道的型態，禁止一般車輛進入，設為路面電車和公車等大眾運輸及行人的空間。

....

A transit是運輸，mall是步道，<u>transit mall</u>是有運輸系統的步道或形成運輸系統的步道，直譯為「<u>運輸廊道</u>」，或稱「<u>大眾運輸與行人專用區</u>」。公共的路面電車和公車與步道合為一體的道路（答案為○）。勞倫斯‧哈普林（Lawrence Halprin）設計的尼科萊特購物中心（Nicollet Mall，明尼亞波利斯〔Minneapolis〕）是代表性範例。

友善行人的道路吶

軌道鋪設在草地上等等

運輸廊道
transit mall
有運輸系統的步道

LRT
Light Rail Transit
輕 軌 運輸系統

答案 ▶ ○

住宅區的道路計畫	人車分道	雷特朋系統 Radburn System	囊底路 行人專用道
	人車共存	生活化道路 woonerf	減速彎道 路拱
都市計畫	人車分道	天橋廊 pedestrian deck	天橋廊
		停轉乘 park & ride	park　ride
	人車共存	運輸廊道 transit mall	transit 運輸 mall 步道

計畫的概念	消除玄關門檻條或邊框的高低差等，去除障礙來讓所有人都能使用的設計，稱為（　）。	無障礙設計 barrier free 障礙　去除
	不論男女老幼、種族、文化、障礙等，任何人都可使用的設計，稱為（　）。	通用　　　設計 universal　design 適用於所有人的　設計
	不讓高齡者、身心障礙者等的設施與社區隔離，而是和健康的人彼此互助生活，以實現正常社會的理念，稱為（　）。	正常化 normalization

尺寸‧斜率	椅子的高度約（　）cm 桌子的高度約（　）cm	約40cm 約70cm
	輪椅的高度是（　）～（　）cm 床的高度是（　）～（　）cm 馬桶座的高度是（　）～（　）cm 浴缸邊緣的高度是（　）～（　）cm	全部為40～45cm
	廚房流理臺的高度約（　）cm	約85cm

洗臉化妝臺的高度約（　）cm 並排時的間距是（　）cm以上	約75cm 75cm以上
輪椅使用者的廚房流理臺高度 約（　）cm	約75cm （桌子的高度＋α）
膝蓋能進入的空間： 　　高度約（　）cm 　　縱深約（　）cm	約60cm 約45cm
收納櫃上緣的高度約（　）cm	約150cm
輪椅使用者所用的牆上開關 高度是（　）～（　）cm	100～110cm （眼睛高度）

16

默記事項

輪椅使用者所用的牆上插座 高度約（　）cm	約40cm  40cm
椅子的座面： 　┌ 寬度約（　）cm 　└ 縱深約（　）cm	約45cm 約45cm 
輪椅： 　┌ 縱深約（　）cm以下 　├ 寬度約（　）cm以下 　└ 高度約（　）cm以下	120cm以下 70cm以下 109cm以下  1200　　1090 700 (mm)
輪椅使用者出入口的寬度是 （　）cm以上	80cm以上 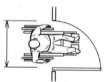 【入口 ⇨ 入🚪 ⇨ 八〇 ⇨ 80cm以上】

輪椅1輛能通過的 走廊寬度是 （ 　 ）cm以上	90cm以上 輪椅寬度＋10cm出入口寬度＋10cm 1輛輪椅的走廊寬度 70cm以下 ⇨ 80cm以上 ⇨ 90cm以上 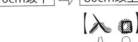 八　　○
輪椅2輛能交錯而過的 走廊寬度是（ 　 ）cm以上	180cm以上 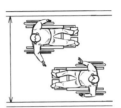 1輛：90cm →2輛：90cm×2＝180cm
腋下拐杖使用者能通行的 走廊寬度約（ 　 ）cm	約120cm 【松⇨12⇨12】 　　　　　　120cm 
輪椅迴轉一圈的直徑： 　用雙輪是（ 　 ）cm以上 　用單輪是（ 　 ）cm以上	150cm以上 210cm以上 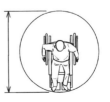

16

輪椅能180°回轉的走廊寬度是 （　）cm以上	140cm以上
多功能廁所的大小是 （　）cm×（　）cm以上	（內部尺寸） 200cm×200cm 以上
（獨棟住宅） 附輔助空間的廁所大小是 （　）cm×（　）cm以上	（內部尺寸） 140cm×140cm 以上
考量輪椅使用者的電梯大小是 （　）cm×（　）cm以上	寬　　　縱深 140cm×135cm 以上

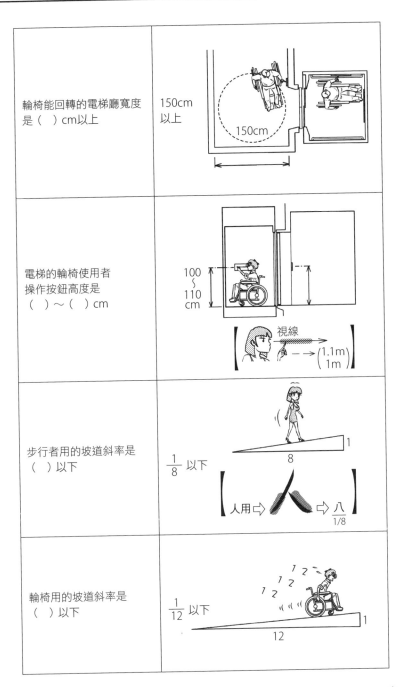

輪椅能回轉的電梯廳寬度是（　）cm以上	150cm 以上
電梯的輪椅使用者操作按鈕高度是（　）～（　）cm	100 ～ 110 cm 視線　（1.1m）（1m）
步行者用的坡道斜率是（　）以下	$\frac{1}{8}$ 以下 【人用⇨人⇨八 1/8】
輪椅用的坡道斜率是（　）以下	$\frac{1}{12}$ 以下

輪椅用坡道的平臺是 每（　）cm以下高度設置 級寬是（　）cm以上	 75cm以下 150cm以上
車用坡道的斜率是（　）以下	 $\dfrac{1}{6}$以下
腳踏車用坡道的斜率是（　） 以下 （與腳踏車停車場的樓梯並排 設置時）	$\dfrac{1}{4}$以下
高齡者用樓梯的斜率是（　） 以下 （　）cm≦2R+T≦（　）cm	$\dfrac{6}{7}$以下 55cm≦2R+T≦65cm
手扶梯的斜率是（　）°以下	30°以下
石板瓦屋頂的斜率是（　） 以上	$\dfrac{3}{10}$以上

輔助身體用的扶手高度是 （　）～（　）cm 防墜扶手高度是（　）cm以上	75～85cm 110cm以上
扶手的直徑是 （　）～（　）cm 扶手與牆的間距是 （　）～（　）cm	3～4cm 4～5cm
西式廁所的L型扶手： 　垂直方向長度約（　）cm 　水平方向長度約（　）cm	約80cm 約60cm
輪椅使用者的玄關門檻條 高低差是（　）cm以下	2cm以下
高齡者使用的玄關上邊框或 出入口的高低差是（　）cm 以下 踏階的大小： 　縱深是（　）cm以上 　寬度是（　）cm以上	18cm以下 30cm以上 60cm以上

停車位的大小是 寬（　）cm以上×長約（　）cm	約600cm 230cm以上 230cm以上×約600cm
輪椅使用者的停車位寬度是 （　）cm以上	350cm以上 ⇨350cm以上
輪椅使用者的停車位數是 整體停車位數的（　）以上	$\frac{1}{50}$ 以上　⇨ $\frac{1}{50}$ 以上
停車場的面積是 （　）〜（　）m²/輛	30〜50m²/輛 P GO! 50m²
車道（雙向通行）的寬度是 （　）cm以上	550cm以上 GO　GO → 550cm以上
車子的內側回轉半徑是 （　）cm以上	500cm以上 GO → 500cm以上
車道的梁下高度是（　）cm以上	230cm以上
停車場出入口距交叉路口的距離 是（　）m以上	5m以上

機車停車位的大小是 寬約（ 　）cm×縱深約（ 　）cm	約90cm×約230cm
腳踏車停車位的大小是 寬約（ 　）cm×縱深約（ 　）cm	約60cm×約190cm b icy cle b icy ↓　　　↓ 60cm×190cm
一般病房（4人房）的面積是 （ 　）m²/床以上	（內部尺寸） 6.4m²/床以上
特別養護老人之家專用居室的 面積是（ 　）m²/人以上	10.65m²/人以上
托兒所育幼室的面積是 （ 　）m²/人以上	1.98m²/人以上
中小學普通教室的面積是 （ 　）～（ 　）m²/人	1.2～2.0m²/人
圖書館閱覽室的面積是 （ 　）～（ 　）m²/人	1.6～3.0m²/人
辦公室的面積是 （ 　）～（ 　）m²/人	8～12m²/人

▼每人單位面積

16

默記事項

會議室的面積是 （　）～（　）m²/人	2～5m²/人
劇場、電影院的觀眾席面積是 （　）～（　）m²/人	0.5～0.7m²/人
商務旅館單床房的面積是 （　）～（　）m²	12～15m²
城市旅館雙床房的面積 約（　）m²	約30m²
城市旅館、度假旅館的建坪 約（　）m²/室 商務旅館的建坪約（　）m²/室	約100m²/室　　客房部 　　　　　　　　房務部 約50m²/室
城市旅館宴會廳的面積 約（　）m²/人	約2m²/人 （1.5～2.5m²/人）
餐廳座位區的面積 約（　）m²/人	約1.5m²/人 （1～1.5m²/人）

電影院、劇場只放入椅子時的面積 約（　）m²/人	約0.5m²/人　　劇場、電影院
餐廳、教室等有椅＋桌的面積 約（　）m²/人	約1.5m²/人　　宴會廳、餐廳 （1〜3.0m²/人）教室、圖書館閱覽室

▼面積比

$\dfrac{住宅的收納空間}{房間面積}$＝（　）%	(15〜) 20%
辦公大樓出租容積率 （與標準層的比） ＝$\dfrac{收益部分的面積}{標準層面積}$＝（　）% 辦公大樓出租容積率 （與建坪的比） ＝$\dfrac{收益部分的面積}{建坪}$＝（　）%	75 (〜85) % (65〜) 75%
$\dfrac{商務旅館客房面積}{建坪}$＝ 　　　　　約（　）%以下	約75%以下
$\dfrac{城市旅館客房面積}{建坪}$＝約（　）%	約50%
$\dfrac{百貨公司賣場面積}{建坪}$＝約（　）%	(50〜) 60%
$\dfrac{量販店賣場面積}{建坪}$＝約（　）%	60 (〜65) %

$\dfrac{\text{餐廳廚房面積}}{\text{餐廳面積}}$＝約（　）%	約30%
$\dfrac{\text{咖啡館廚房面積}}{\text{咖啡館面積}}$＝約（　）%	15（〜20）%
$\dfrac{\text{美術館展覽室面積}}{\text{建坪}}$＝約（　）%	（30〜）50%
關於B（臥室）、L（客廳）、D（餐廳）： 　食寢分離……（　）和（　）分開 　居寢分離……（　）和（　）分開 　公私分離……（　）和（　）分開	D和B分開 B和B分開 LD和B分開
將設備集中在一處，居室設置在其周圍的平面計畫，稱為（　）。	核心計畫
擁有以建築物或圍牆所圍出的中庭的住宅，稱為（　）。	中庭式住宅
進行除了烹飪之外的洗濯、熨燙衣物、寫家計簿等家事的房間，稱為（　）。	工作間
用來曬衣服等的庭院或中庭，稱為（　）。	雜作場
設計、施工的基準尺度稱為（　），柯比意創造的基準尺度稱為（　）。	模組 模矩
各住戶彼此土地相連並擁有專屬庭院的連棟住宅，稱為（　）。	排屋 （棟割）長屋
接地型連棟住宅中，以共用庭院（共用空間）為中心來配置住戶的形式，稱為（　）。	街屋
共同住宅中，單邊配置通道的通道形式，稱為（　）。	單邊走廊型
共同住宅中，南側配置通道來從客廳側進入的通道形式，稱為（　）。	客廳出入型
共同住宅中，從樓梯且沒有共用走廊的通道進入各住戶的形式，稱為（　）。	樓梯間型
共同住宅中，每隔幾層建造共用走廊，其上下樓層以樓梯出入的通道形式，稱為（　）。	差層型

住宅・集合住宅

共同住宅中，通道配置在中央的通道形式，稱為（　）。	中間走廊型
共同住宅中，中央設置外部挑高，其兩側配置通道的通道形式，稱為（　）。	雙走廊型
共同住宅中，圍繞中央的電梯和樓梯周圍來配置通道的通道形式，稱為（　）。	集中型
共同住宅中： 　只有單層所構成的住戶形式，稱為（　）。 　2層以上所構成的住戶形式，稱為（　）。	分層型 樓中樓型
希望入住者組成合作社，進行設計、施工、管理的共同住宅，稱為（　）。	合作住宅
有共用的廚房、餐廳、洗衣間等，相互幫助生活的共同住宅，稱為（　）。	共居住宅
業者打造結構體，入住者設計施工內裝和設備的共同住宅供應方式，稱為（　）。	SI工法
引入光或空氣用的井狀小中庭，稱為（　）。	光井、光庭
從客廳延伸出去所形成的大型露臺，稱為（　）。	客廳露臺
野生生物能棲息的水域等，稱為（　）。	群落生境
事務所的出租： 　整層樓出租，稱為（　）。 　將樓層分成幾個區塊分別出租，稱為（　）。 　以隔間為單位出租，稱為（　）。	樓層出租 區塊出租 隔間出租
設備房集中的樓層，稱為（　）。	設備層
以基準尺度來決定柱、牆、照明等的配置的方法，稱為（　）。	模矩配合

▼辦公室

16

默記事項

辦公大樓的平面計畫，核心在長方形平面的位置： 　　配置在中央的，稱為（　）。 　　靠近單邊的，稱為（　）。 　　分成兩個且靠近短邊兩側的，稱為（　）。 　　配置在外側的，稱為（　）。	中央核心計畫 偏心核心計畫 雙核心計畫 分離核心計畫
從外牆到中央核心、偏心核心的縱深是（　）m 左右	15m左右
設置雙層地板，將配線放入地板下的地板系統，稱 為（　）。	活動地板 （OA 地板）
不固定辦公室座位，自由選擇的方式，稱為（　）。	自由座位
桌子的配置形式： 　　面向同一方向的座位形式，稱為（　）。 　　彼此相對的座位形式，稱為（　）。 　　錯開放置並相互面對的座位形式，稱為（　）。	平行式 面對面式 交錯式
彼此不認識的人： 　　面對面的狀態，稱為（　）。 　　背對的狀態，稱為（　）。	互動性 疏離性
電梯部數是根據最尖峰時段的（　）分鐘使用人數 來計畫	5分鐘
火災時讓消防隊進入用的電梯，稱為（　）。	緊急用電梯
依據電梯抵達樓層來配置分組，稱為（　）。	電梯組
辦公室廁所便器數，每100人： 　　女用（　）個　男用 ⎰大（　）個 　　　　　　　　　　　　⎱小（　）個	女用5個，男用 ⎰大3個 　　　　　　　⎱小3個
廁所單間的大小是（　）cm ×（　）cm 左右	85cm×135cm左右
並排的洗手臺間隔是（　）cm以上	75cm以上　75cm ⎰高度 　　　　　　　　　⎱間距

劇場

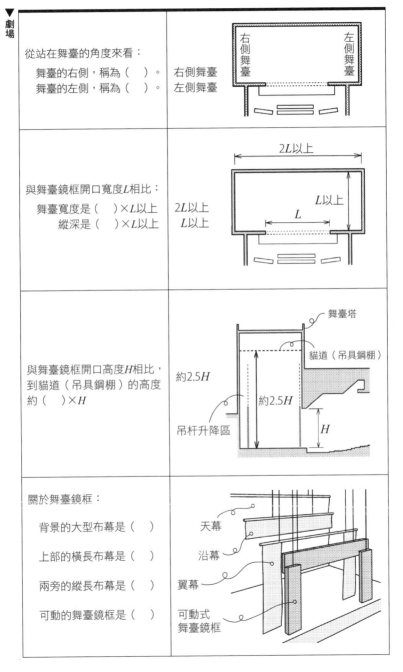

從站在舞臺的角度來看：

　舞臺的右側，稱為（　　）。　右側舞臺
　舞臺的左側，稱為（　　）。　左側舞臺

與舞臺鏡框開口寬度L相比：

　舞臺寬度是（　　）×L以上　2L以上
　　　　縱深是（　　）×L以上　L以上

與舞臺鏡框開口高度H相比，
到貓道（吊具鋼棚）的高度
約（　　）×H　　　　　　約2.5H

關於舞臺鏡框：

　背景的大型布幕是（　　）　　天幕

　上部的橫長布幕是（　　）　　沿幕

　兩旁的縱長布幕是（　　）　　翼幕

　可動的舞臺鏡框是（　　）　　可動式
　　　　　　　　　　　　　　　　舞臺鏡框

16

默記事項

開放式舞臺的一種,舞臺的一部分或全部向觀眾席側突出的類型,稱為( )。	伸展式舞臺
可變更為各種舞臺形式的舞臺,稱為( )。	調整式舞臺
維也納音樂協會大樓是( )型音樂廳 柏林愛樂廳是( )型音樂廳	鞋盒型 梯田型
歌劇院最後面的觀眾席到舞臺中心是( )m以下	38m以下 38m以下 馬蹄型
以台詞為主的戲劇劇場,最後面的觀眾席到舞臺中心是( )m以下	22m以下 以人的台詞為主 2隻腳 2隻腳 ⇨22m
從觀眾席看舞臺的俯角: ( )°以下為佳 ( )°是極限	15°以下為佳 30°為極限 30° 15°

從電影院觀眾席看銀幕的水平角度是（　　）°以下為佳	90°以下為佳 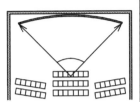
關於劇場座位： 　寬度是（　　）cm以上 　前後間隔是（　　）cm以上	45cm以上 80cm以上
關於劇場觀眾席： 　縱向通道寬度是 　（　　）cm 以上 　橫向通道寬度是 　（　　）cm 以上	80cm以上 100cm以上 （輪椅用） 最小出入口寬度　劇場內縱向通道　橫向通道 ⬜ 80cm ⇨ ⬜ 80cm以上 ⇨ ⬜ 100cm以上 【入 口】　　從出入口寬度　縱＋α 　八　○　　聯想到通道寬
殘響時間是聲音停止之後，聲音強度位準衰減（　　）dB所需的時間	60 dB
劇場觀眾席的空氣體積是（　　）m³/席以上為佳	6m³/席以上
殘響時間的公式是 $T=（①）\times\dfrac{（②）}{（③）\times（④）}$	殘響時間$T=$比例常數$\times\dfrac{V}{S\times\overline{\alpha}}$（秒） ①比例常數 ②$V$：室容積 ③$S$：表面積 ④$\overline{\alpha}$：平均吸音率 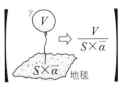 $⇨\dfrac{V}{S\times\overline{\alpha}}$　地毯

商業設施	收銀檯的包裝檯高度是 （　）～（　）cm	70～90cm
	旅館的電梯部數是 （　）～（　）間1部	100～200間1部
幼稚園·托兒所·學校	幼兒用廁所的隔板和門的高度是 （　）～（　）cm	100～120cm
	托兒所爬行室的面積是 （　）m²/人以上	3.3m²/人以上 育幼室是1.98m²/人以上
	所有學科在同一教室進行， 稱為（　）。 特定學科在專用教室進行， 稱為（　）。 所有學科都在專用教室進行， 稱為（　）。 將全部班級分為兩組， 一組使用普通教室時， 另一組使用特別教室， 稱為（　）。	綜合教室型 特別教室型 學科教室型 混合型
	42人教室的大小是 （　）m×（　）m左右	7m×9m

有2面籃球場的體育館大小是 約（　）m×約（　）m	約45m×約35m
	約35m 約45m
高度是（　）m以上	8m以上
有2面網球場的體育館大小是 約（　）m×約（　）m 高度是（　）m以上	約45m×約45m 12.5m以上
用車載著圖書巡迴提供圖書館服務的， 稱為（　）。	行動圖書館
可以自由閱覽書籍的是（　）式	開架式
越過玻璃來看書庫裡的書並由圖書館員 取出的是（　）式	半開架式
閱覽者進出書庫時接受檢查的是（　） 式	安全開架式
閱覽者無法進出書庫，從外面也看不見 內部的是（　）式	閉架式
藏書量： 　開架式（　）冊/m²左右 　閉架式（　）冊/m²左右	170冊/m²左右 230冊/m²左右

▼圖書館

16

默記事項

移動式書架、積層式書架的藏書量是（　）冊/m²左右	400冊/m²左右 開架式、閉架式書架（170〜230）約200冊/m²　2倍　移動式、積層式書架　約400冊/m²
開架式的每單位建坪藏書量是（　）冊/m²左右	50冊/m²左右
裝有隔板的1人用閱覽桌，稱為（　）。	卡式閱覽桌
可閱讀圖書館報章雜誌等的區域，稱為（　）。	書報閱覽區
可查詢圖書館書籍、調查資料的區域，稱為（　）。	資訊檢索區
發出警報聲來提醒書被帶出的系統，稱為（　）。	BDS（圖書偵竊系統）
檢索資訊用的使用者終端機，稱為（　）。	OPAC（線上公用目錄）

醫院‧診所	診所是（ 　 ）床以下	19床
	病床之間的間隔尺寸是 （ 　 ）～（ 　 ）cm	100～140cm
	500床以上的綜合醫院每床單 位建坪約（ 　 ）m²/床	約85m²/床
	病房部的面積是醫院整體 約（ 　 ）%	約40%
	1護理單位的病床數： 　內科、外科 　約（ 　 ）～（ 　 ）床 　婦產科、小兒科 　約（ 　 ）床	 約40～50床 約30床
	患者能放鬆會客的房間，稱為 （ 　 ）。	休息室
	醫院的功能分為5大類： （ 　 ）部 （ 　 ）部 （ 　 ）部 （ 　 ）部 （ 　 ）部	管理部、病房部、服務部、 中央診療部、門診部

美術館	畫作展示牆面的照度： 　日本畫……（　）～（　）lx 　西畫………（　）～（　）lx	150～300lx 300～750lx →300lx
福利設施	需照護程度高的人才能進入的公立設施是（　）老人之家	特別養護老人之家
	需照護程度低的人也能進入的民營設施是（　）老人之家	照護型付費老人之家
	在醫療管理下進行復健等，以期返家生活的公立設施是（　）設施	照護老人保健設施
	需照護程度低的人接受用餐、入浴等服務，同時自理生活的公立設施是（　）之家	護理之家
	以5～9人為單位的失智症高齡者共同生活的設施是（　）	團體家屋
	只有白天前往接受用餐、入浴、復健等服務的設施是（　）	日間照護中心
都市計畫	小學是每個（　）一所	鄰里單元 （2000～2500戶）
	幼稚園是每個（　）一所	鄰里單元分區 （400～500戶）
	鄰里單元方式實踐在英國的（　）和大阪府的（　）	哈洛新市鎮 千里新市鎮

摒除鄰里單元而設為單一中心式，做為名古屋的衛星城鎮開發的是（　　）	高藏寺新市鎮
在車道上空架高等的立體化行人專用道，稱為（　　）。	天橋廊
為了防止車輛通行、有折返空間的死巷，稱為（　　）。	囊底路
車輛進入死巷，而將行人專用道設在綠地上的人車分道住宅區計畫，稱為（　　）。	雷特朋系統
道路上設的S型曲折，稱為（　　）。 道路上設的小隆起，稱為（　　）。 利用S型曲折和突起來讓車輛減速的道路形式，稱為（　　）。	減速彎道 路拱 生活化道路
將車停在附近車站的停車場，再使用大眾運輸的系統，稱為（　　）。 路面電車和公車與步道合為一體的道路，稱為（　　）。	停轉乘 運輸廊道 （大眾運輸與行人專用區）

國家圖書館出版品預行編目資料

圖解建築計畫入門：一次精通建物空間、動線設計、尺寸面
積、都市計畫的基本知識、原理和應用／原口秀昭著；陳彩華
譯. -- 二版. -- 臺北市：臉譜，城邦文化出版：家庭傳媒城邦分
公司發行, 2023.05
　　面；　公分. --（藝術叢書；FI1043X）
譯自：ゼロからはじめる「建築計画」入門
ISBN 978-626-315-273-1（平裝）

1. 建築工程

441.3　　　　　　　　　　　　　　　112002128

藝術叢書 FI1043X

圖解建築計畫入門
一次精通建物空間、動線設計、尺寸面積、
都市計畫的基本知識、原理和應用

作　　　者　原口秀昭
譯　　　者　陳彩華
副 總 編 輯　劉麗真
主　　　編　陳逸瑛、顧立平
美 術 設 計　陳文德

發　行　人　涂玉雲
出　　　版　臉譜出版
　　　　　　城邦文化事業股份有限公司
　　　　　　台北市中山區民生東路二段141號5樓
　　　　　　電話：886-2-25007696　傳真：886-2-25001952
發　　　行　英屬蓋曼群島商家庭傳媒股份有限公司城邦分公司
　　　　　　台北市中山區民生東路二段141號11樓
　　　　　　客服服務專線：886-2-25007718；25007719
　　　　　　24小時傳真專線：886-2-25001990；25001991
　　　　　　服務時間：週一至週五上午09:30-12:00；下午13:30-17:00
　　　　　　劃撥帳號：19863813　戶名：書虫股份有限公司
　　　　　　讀者服務信箱：service@readingclub.com.tw
香港發行所　城邦（香港）出版集團有限公司
　　　　　　香港灣仔駱克道193號東超商業中心1樓
　　　　　　電話：852-25086231　傳真：852-25789337
　　　　　　E-mail：hkcite@biznetvigator.com
馬新發行所　城邦（馬新）出版集團 Cité (M) Sdn Bhd
　　　　　　41, Jalan Radin Anum, Bandar Baru Sri Petaling, 57000 Kuala Lumpur, Malaysia
　　　　　　電話：603-90578822　傳真：603-90576622
　　　　　　E-mail：cite@cite.com.my

城邦讀書花園
www.cite.com.tw

二 版 一 刷　2023年5月2日

定價：400元　　　　　　　　　　（本書如有缺頁、破損、倒裝，請寄回更換）